杉本裕明
服部美佐子

ゴミ分別の異常な世界

リサイクル社会の幻想

GS
幻冬舎新書
133

まえがき

ごみ分別は不思議だ。

「引っ越したら、卵のパックを〈資源ごみ〉として分けなきゃいけなくなった。前は、紙くずと一緒に〈可燃ごみ〉の袋に入れて出していたのに」

「市役所の言う通りに、缶とペットボトル、紙容器、プラスチック容器、古新聞、乾電池……と細かく分け始めたら、狭いキッチンにごみ箱があふれてしまった」

「隣の町では、分別は4つですむのに、ここは20分別。どうしてこんなに違うの？」

ごみの分別をめぐって、住民たちの間でさまざまな疑問が渦巻いている。

どこの市町村にも、分別の決まりがある。ごみハンドブックや分別辞典、ほかにも、マニュアル、便利帳、心得帳……呼び名はいろいろあるが、そんなごみ出しの手引書を見ながら、決められた日に、決められたごみを出すことが、いまでは当たり前になっている。

一口に分別といっても、家庭から出るごみのほとんどを燃やしている町から、分別の種類が多すぎて、分別ストレスに陥りそうな町まで、千差万別だ。

市町村の広報やチラシ、ホームページでよく目にする標語に「混ぜればごみ、分ければ資源」がある。確かに、分別やリサイクルで、ごみが減り、環境もよくなるなら、多少の手間やお金をかけるのも、がまんできるかもしれない。

しかし、本当に環境はよくなっているのか、税金のムダ使いになっているだけではないか。90年代から各市町村で本格的に始まったごみの分別が、どういう結果をもたらしたか、そろそろしっかり見極める必要がありはしないだろうか。

そもそも、なぜごみを分別するようになったのか。

分別の仕方で、もっともシンプルなのは、〈可燃ごみ〉と〈不燃ごみ〉という分け方だ。戦後しばらくは、焼却工場は少なく、ごみの埋め立て処分場に何でも埋めている時代だった。でも生ごみは腐敗し、処分場の周辺住民は悪臭に悩まされる。ごみ収集車が走る沿線住民だって迷惑な話だ。伝染病など衛生面での心配もある。

高度成長の時代になると、都市では焼却工場の建設ラッシュとなり、生ごみや紙などは燃やして焼却灰にしてから埋めるようになった。燃やすことでごみの容積は5分の1に減るし、悪臭もなくなるからだ。焼却に不向きな金属類や瀬戸物などは、変わらずそのまま埋め立て処分場に埋められた。

　だが経済が成長し、人々の暮らしが豊かになるにつれて、ごみの量は急激に増えた。焼却施設の建設が追いつかなくなり、埋め立て処分場に余裕がなくなった。自治体が新しい処分場を造ろうとしても、住民の反対に阻まれた。

　そこに出てきたのが、「混ぜればごみ、分ければ資源」という細かい分別の考え方だった。1975年に静岡県沼津《ぬまづ》市は、このスローガンをもとに先陣を切り、びん、缶、古紙などの資源ごみをいくつかに分けて回収し、リサイクルできるようにした。これで、焼却工場や、埋め立て処分場で処分されるごみの量を減らそうというのだ。

　90年代になると、国も、ごみの分別は処分場を長く使うために有効な方法だと認め、資源ごみを回収し、リサイクルを始めた。

　当時、ペットボトルは〈可燃ごみ〉か〈不燃ごみ〉のどちらかに分類している市町村が大半だった。〈可燃ごみ〉なら、焼却工場で燃やされるし、〈不燃ごみ〉なら、粉々に砕いたあと埋め立て処分場に埋められる。いまはどの市町村もペットボトルを資源として、別に回収している。その後、リサイクル業者に運ばれて、細かく砕いてシートや繊維などの原料に利用される。

　確かに、この循環がうまくいけば、ごみは確実に減ると思われた。

　こうして、ごみ分別やリサイクルが市民権を得るようになった。

もちろん、ごみを分けることは、物の質の違いを知り、ごみに関心を持つ第一歩になることは間違いない。「こんなにムダなものを買っていたんだ」と、ムダな買い物を控える効果＝ごみ減量効果があるとも言われる。細かい分別をしているから、ごみが減って、リサイクル製品が増え、環境にやさしい社会になると思い込んでいる市民は多い。

しかし、ちょっと調べてみると、ごみの世界では、いまさまざまな矛盾や弊害が現れていることがわかる。頭に描いた理想通りに現実が動いているわけではない。言われた通り分別していれば、あとは自治体がうまくやってくれているだろう――。そう考えている先には、びっくりするような現実が広がっている。

本書では、いままで知られることのなかった、全国津々浦々で起こっているごみ問題の実態を明らかにした。紹介した地域はすべて足を運び、データをとり、関係者に取材した。第一章から第四章までは著者二人で分担して取材、調整して執筆した。第五章の環境省の部分と第六章は、杉本が取材、執筆した。また、わかりづらい分別界の用語は、巻末にまとめて説明してある。

分別を出発点にすると、おかしな点が浮かび上がってくる。あなたの住む市町村が載っていなかったとしても、同じようなことが起こっているかもしれない。どの自治体も、ごみ問題に頭を悩ませている現実は変わらないのである。

ゴミ分別の異常な世界／目次

図版作成　㈲美創

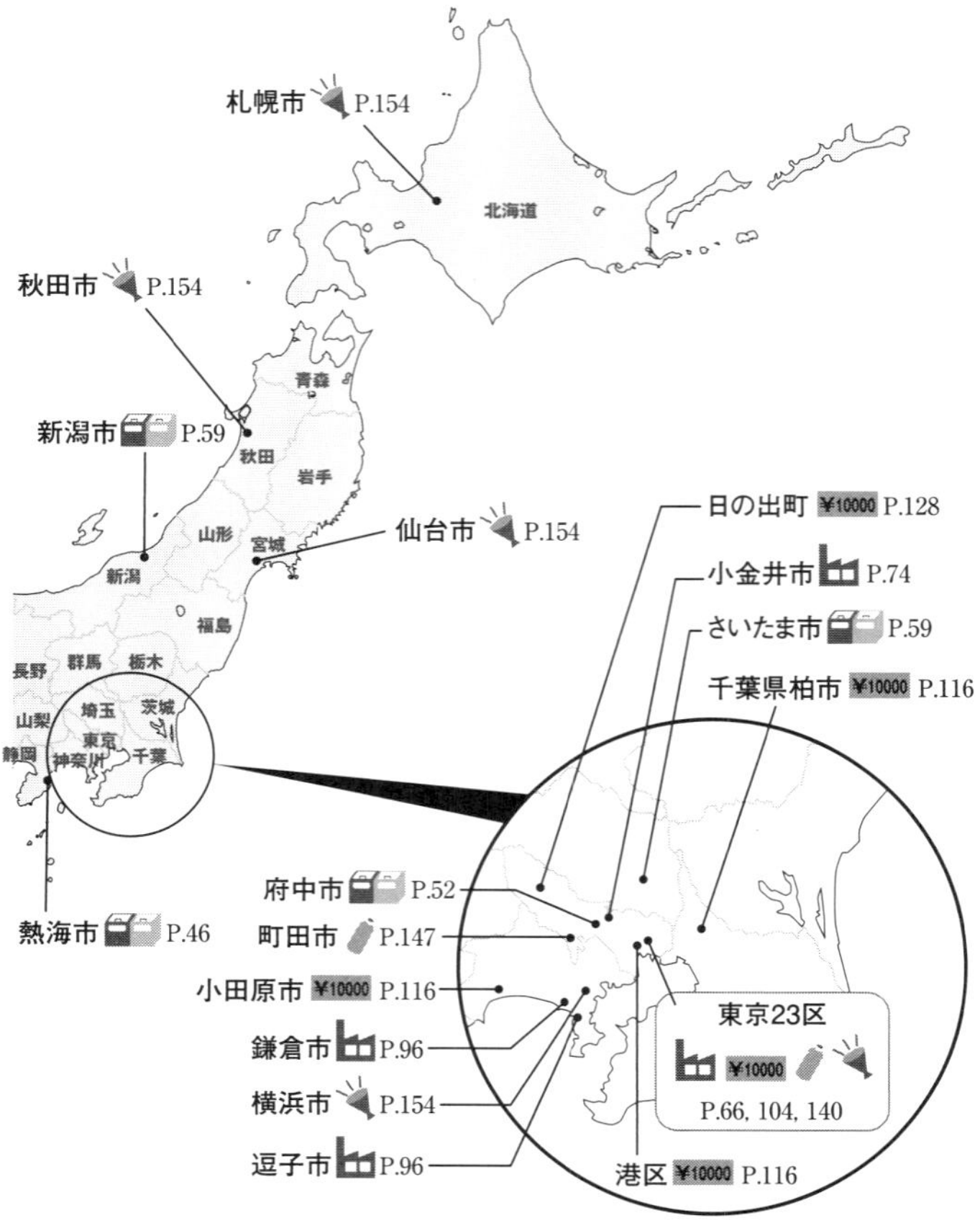

札幌市 P.154
北海道
秋田市 P.154
青森
新潟市 P.59
秋田
岩手
山形
宮城
仙台市 P.154
新潟
福島
長野
群馬
栃木
山梨
埼玉
茨城
東京
静岡
神奈川
千葉
熱海市 P.46
日の出町 ¥10000 P.128
小金井市 P.74
さいたま市 P.59
千葉県柏市 ¥10000 P.116
府中市 P.52
町田市 P.147
小田原市 ¥10000 P.116
鎌倉市 P.96
横浜市 P.154
逗子市 P.96
東京23区
¥10000
P.66, 104, 140
港区 ¥10000 P.116

〈ごみ分別取材地図〉

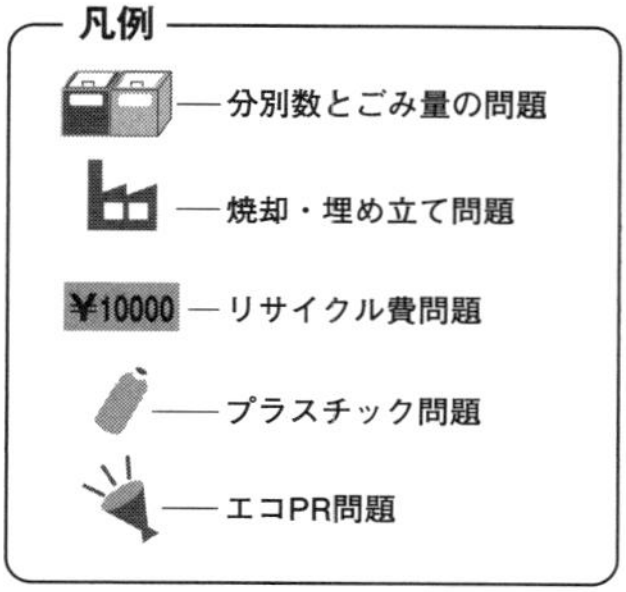
凡例
分別数とごみ量の問題
焼却・埋め立て問題
¥10000
リサイクル費問題
プラスチック問題
エコPR問題

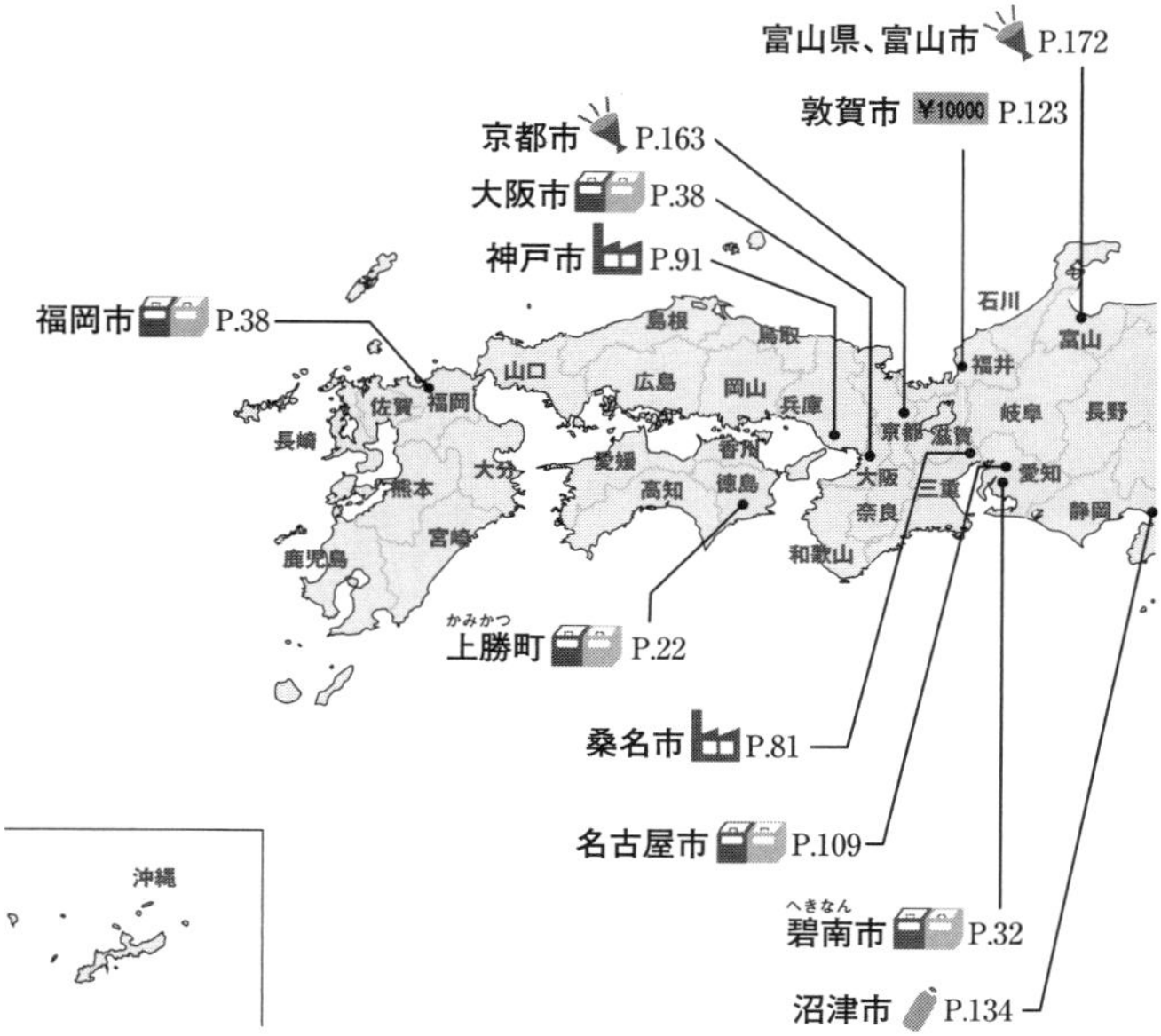
富山県、富山市 P.172
敦賀市 ¥10000 P.123
京都市 P.163
大阪市 P.38
神戸市 P.91
福岡市 P.38
上勝町《かみかつ》 P.22
桑名市 P.81
名古屋市 P.109
碧南市《へきなん》 P.32
沼津市 P.134
石川
富山
福井
岐阜
長野
愛知
静岡
滋賀
三重
京都
大阪
奈良
和歌山
兵庫
鳥取
島根
岡山
広島
山口
香川
愛媛
徳島
高知
福岡
佐賀
長崎
大分
熊本
宮崎
鹿児島
沖縄

第一章

分別するとごみが減るって誰が言った⁉

全国最多34分別を誇る町は、お手本になるか

徳島県上勝町

ごみ減量の聖地は四国にあった

「上勝詣《かみかつもう》で」。徳島県上勝町のごみ事情を視察に行くのが、「ごみ減量」に向けて活動する市民や市町村の議員らの間で流行っている。帰ってきた市民は上勝町をほめ、「上勝方式をわが市でも導入すべきだ」と言う。「全国一の34分別をしている」「ゼロ・ウェイスト（ごみゼロ）を掲げた」から、というのが理由だ。

だが、本当に上勝方式は正しくて、どんな町でもお手本になるのだろうか。

上勝町は、JR徳島駅から車で1時間。県の真ん中にある山に囲まれた町だ。大小55の集落が点在し、人口は約2000人と四国でもっとも少ない。1950年の6265人をピークに人口は年々減少し、過疎化に歯止めがかからない。65歳以上の町民が49％を占める。

この町に、ごみ問題に取り組む市民らがひっきりなしに訪れる。2008年度は195団体、約2400人以上の人が足を運んだ。それだけではない。あちこちの市町や市民団体から声が

かかり、笠松和市・町長は全国を講演して飛び回る。

上勝町の名前が全国区になったのは、2003年に町議会が決議した「上勝町ごみゼロ（ゼロ・ウェイスト）宣言」だ。これは、環境保護団体である「グリーンピース・ジャパン」が働きかけ、町がそれに応じて実現した。宣言は、「ごみの再利用・再資源化を進め、2020年までに焼却・埋め立て処分をなくす最善の努力をします」としている。

この宣言は、新聞やテレビでも大きく取り上げられ、町の取り組みが特集されるなど、またたく間に、ごみの世界の寵児《ちょうじ》となった。環境省も「環境循環型社会白書」（2007年度版）でその取り組みを紹介した。

34 分別の、これが実態

上勝町に到着した人々が、まず見学先として向かうのは、「日比《ひび》ヶ谷《や》ゴミステーション」だ。町のほぼ中心にあり、「2020年までにごみゼロに」と書かれた赤い旗が2階建てのプレハブ小屋にたなびいている。その隣の自転車置き場のような小屋に、〈アルミ缶〉〈スチール缶〉〈スプレー缶〉〈金属製キャップ〉〈透明びん〉〈茶色びん〉〈その他びん〉〈その他のガラス類〉〈陶器類〉〈貝類〉と、種類ごとの「分別箱」がずらりと並ぶ。

小屋のなかには、〈プラスチック〉や〈古紙〉など一般的なもののほかに、〈ライター〉

〈鏡・体温計〉〈割りばし〉など、さまざまな「分別箱」。蛍光管も「割れているもの」と「割れていないもの」に区分けするなど、実に細かい。これが全国最多と言われる分別の数だ（図表1）。町民が、次々と車で乗りつけ、箱に入れると帰っていく。

しかし、それだけではない。町が定めた34分別は、町民の自主判断で、さらに分別数を増やす動きがある。小屋を見ると、町民が置いた箱がいくつかあり、かまぼこ板、ヨーグルトのカップ、トイレットペーパーの芯などが分けられて入っている。これらを合わせると40分別近くなる。

これを見た来訪者は、「すごい！」と感嘆の声をあげる。そして、「うちの町ではとてもできない」となり、やがて、「いや、上勝町をお手本にやらないといけない」となる。

ごみの世界では、「分別の数が多いのはいいことだ」という暗黙の了解があり、訪問した市民らは、これを見て感激してしまうのだ。

ごみを運ぶのは住民頼み

実は、上勝町は、ほぼすべての自治体がやっているのに実行していないことがある。各家庭からのごみと資源の収集をしていないのだ。

ごみ処理について廃棄物処理法は、「市町村は、一般廃棄物（家庭ごみ）を収集し、運搬し、

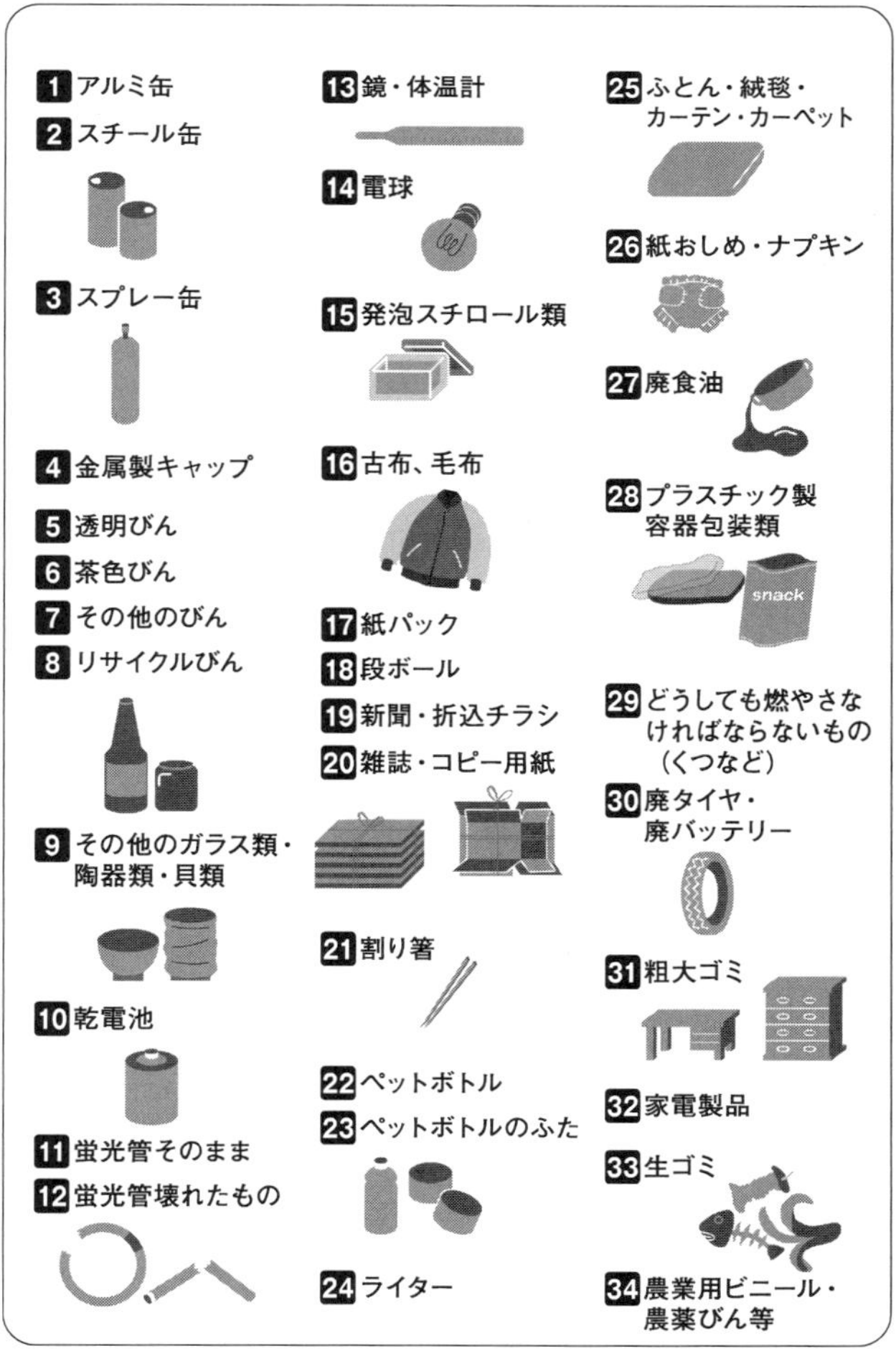

図表1　上勝町・世界最多の34分別

処分しなければならない」、と定めており、どの市町村も、基本的にごみと資源を収集している。役所にごみ収集車や収集する職員がいない場合は、民間のごみ収集業者に頼んで集めてもらい、焼却施設やリサイクル施設で処理している。

しかし上勝町では、ごみや資源は、町民が自ら「日比ヶ谷ゴミステーション」に運んでくる。ごみ収集車はなく、収集業務の大半を住民に負わせている。そこで保管した上、徳島市内の産廃会社に持ち込み、燃やしている。

ごみステーションは、町に1カ所だから、みんな自家用車で運んでいる。だが、高齢者や障害者など、車がないために運ぶことができない町民もいる。町は、お年寄りや車のない100軒について、2カ月に1回収集している。だが2カ月に1回はあまりにひどい。

町民の一人は言う。広報紙を使って「ごみを運ぶ人と運んでもらう人」を募ってグループを作った。「自分が運ぶときに近所の人に声をかける」。また、ある集落では、月1回決めた日にまとめて運ぶという。こうした町民同士の助け合いがなければ、難しい仕組みだ。

こんな話もある。ある町民は、隣の徳島市に住んでいる娘が上勝町に里帰りをした際に、実家のごみを持ち帰らせたため、徳島市で問題になったという。近所の町民に頼むこともできず、娘にごみを持たせなければならなかったのだ。

物理的に運搬が無理な町民だけではなく、ごみを持ち込まなければいけない仕組みへの反感もある。

ある町会議員は、かつて「ごみ収集は町の仕事ではないか」と質問したことがある。「分別することにまったく異論はないが、ごみ収集は改善する余地がある」と疑問視する。

一方、町は、「ごみにお金をかけないことを基本にしている。収集すると、34分別ができなくなるので収集は考えていない」と説明する。

燃えるごみはお隣の徳島市で焼却

また、上勝町には焼却施設がない。〈どうしても燃やさなければいけないもの〉は、袋のまま圧縮機で上から圧縮する。そのため、町民は紙おむつやナプキンまで分けている。平らに圧縮された袋は、隣接する徳島市のごみ処理業者の焼却炉で燃やし、市内の埋め立て処分場に埋め立てている。焼却と埋め立ては業者まかせとは、少々虫がいいように思えるが、焼却炉がない町にはこんな過去がある。

現在、ごみや資源を運び込む「日比ヶ谷ゴミステーション」の土地は、1970年当時、大きな穴が掘られ、町民がごみを持ち込んで燃やしていた。24時間投入可能な、いわば「公共の野焼き場」である。黒煙が出て周辺住民の苦情が絶えず、1998年に穴を閉鎖、日量1キログラムに満たない超小型の焼却炉を2基設置した。

だが、焼却灰の処分に困った町は、燃やすごみを減らそうと、とりあえず紙ごみを分別し、引き取り先を探して奔走する。１９９７年から「容器包装リサイクル法」の運用が始まったのを機に、びん・缶などの容器を分別して、まもなく19分別に、さらに乾電池、食品トレイと次々に品目を増やして25分別にしたというわけだ。

ただ燃やすだけだった焼却炉は、２００1年に「ダイオキシン類対策特別措置法」が施行されて閉鎖。同年35分別（現在34分別）が始まった。

一方、ごみの組成調査で可燃ごみの3割を占めることがわかった生ごみを減らそうと、９５年、電機メーカーが開発中の生ごみ処理機のモニターに協力することを約束して、12万円の生ごみ処理機を半値で提供してもらった。全国で初めて、生ごみ処理機に補助金をつけて、1世帯当たり自己負担1万円で提供した。９１年から補助を出していた屋外用のコンポスト容器を合わせた普及率は、現在98%。家庭から出る生ごみを、ほぼ全量堆肥化している。

では、こうしたさまざまな住民の協力と努力で、聖地となった上勝町のごみの実態は、どうなったのか。

ごみは減らず経費が増えた

町のごみ処理量は、焼却炉を廃炉にして35分別（現在34分別）を始めたものの、ほとんど減っていない。

町や環境省の統計によると、上勝町の「総ごみ量（リサイクルに回る資源ごみも含む）」は、2000年度の345トンから、08年度には327トンに少し減った（図表2）。以下、2000年度と08年度の変化をみると、焼却量と埋め立て量は150トンから135トン（焼却量125トン、埋め立て量10トン）に減り、資源ごみは194トンから192トン、リサイクル率は、56・5％が58・7％と、ほぼ同じだ。2008年度の総ごみ量を一人一日当たりに換算すると、447グラムと、全国平均の約4割になる。

一方、リサイクルにかかる分も含めたごみ処理費用は、「ゼロ・ウェイスト宣言」を出した翌年の2004年度に約3800万円とピークになり、07年度が約1900万円。町はすべてのごみを、焼却と埋め立て処理に回していたら、2700万円はかかったと話す。

リサイクルに力を入れる上勝町だが、これを都会でそのまま取り入れるには無理がある。

まず、さまざまな人が暮らす都市で、多種類の分別を徹底させるのは、容易ではない。都会の家やマンションは部屋が狭いから、分別した資源を分けて置いておくのは難しい。若者が果たしてこれだけ細かく分けて出してくれるだろうか。集めた資源は、それぞれの資源ごとにリサイクル業者のもとに運ばないといけないから、運搬費用も相当増える。保管施設も、上勝町のように町で1カ所というわけにはいかない。となると、単純に「分別は多ければ多いほどいい

年度	1998	1999	2000	2001	2002	2003	2004	2005	2006	2007	2008
ごみ総量(トン)	302	328	345	298	314	353	362	348	332	336	327
1人当たり総排出量(kg／人口)	125	138	148	125	140	159	165	160	159	164	164
1人当たり資源回収量(kg)	69	71	84	96	106	122	126	116	109	105	96
リサイクル率(%)	54.8	51.4	56.5	76.4	75.3	77.2	76.4	72.2	68.5	63.7	58.7
ごみ処理・リサイクル費用(千円)	14,676	10,421	19,161	23,980	21,647	24,086	38,139	26,248	19,008	19,008	―

注)・ごみ総量、ごみ処理・リサイクル費用ともに百の位以下切り捨て
・1人当たり総排出量は、生ごみはのぞく

図表2　上勝町のごみ処理量と処理・リサイクルの量の推移
（出所：上勝町役場資料より作成）

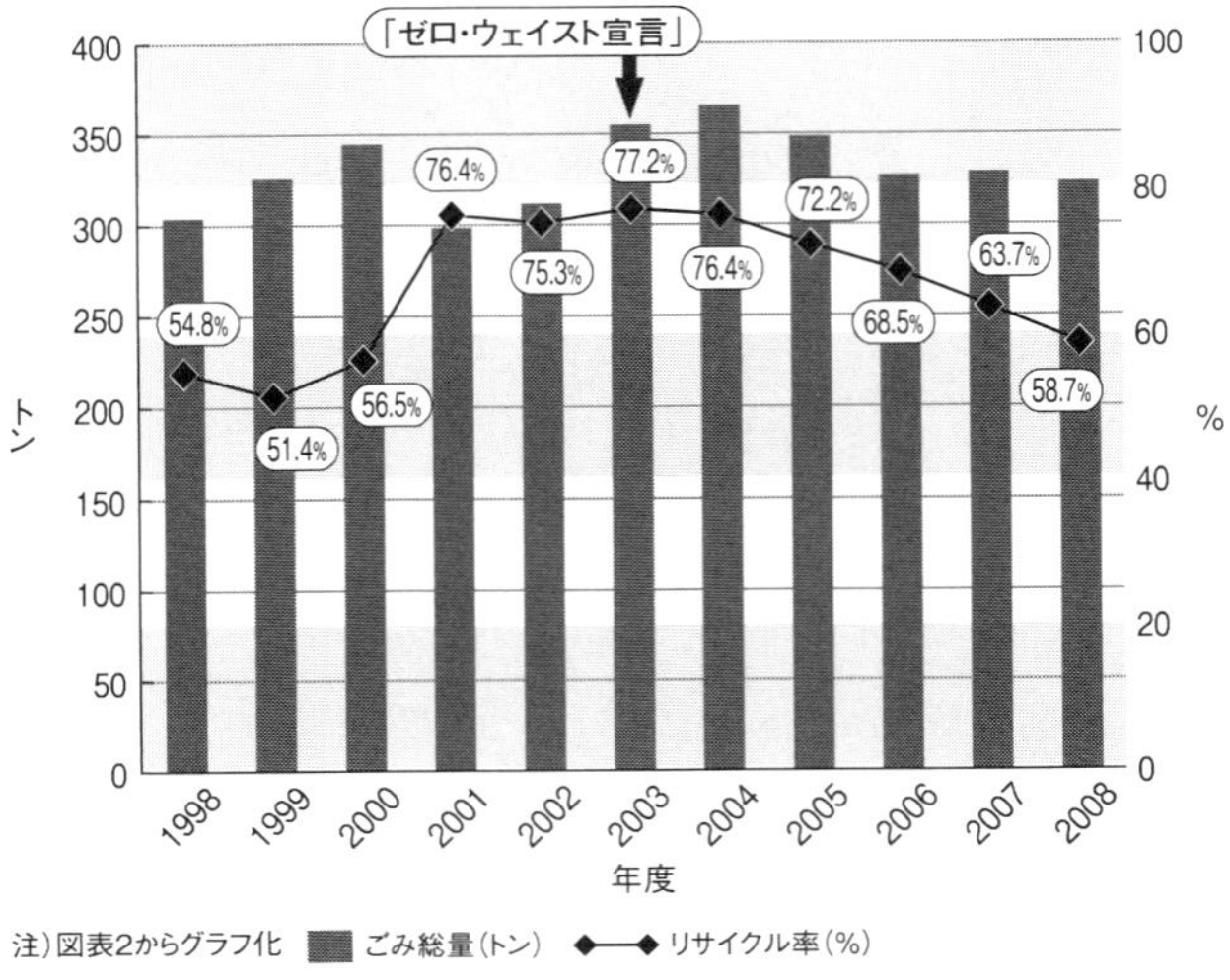

注)図表2からグラフ化

図表2-1　上勝町のごみ処理量とリサイクル率の推移

い」という結論にはならないのではないか。

また、前述のように上勝町は、どんな市町村でも義務として行っているごみの収集業務をほぼしていない。リサイクルに回した方が、焼却、埋め立て処理より安いという町の説明は、いちばんお金のかかる収集業務を町が放棄している特殊事情によるものなのだ。

さらに注目したいのは、総ごみ量にはカウントされない家庭で処理するごみ量だ。2006年度で185トン。生ごみ処理機を各家庭に置いてもらい、排出された生ごみが、すべて処理されていると仮定した数字である。堆肥として使われているとしても、上勝町のように広大な田畑があるなど地域の条件が揃って可能なことである。環境省の廃棄物対策課は、「意識の高い家庭がするならいいが、都会の自治体がむりやり全戸に配っても、そのまま捨ててしまう人がいたり、堆肥にしても受け入れ先がなかったりし、不適正処理がされかねない」と、上勝町をそっくり真似ることに警告を発する。

他市のすばらしい点を学ぶ姿勢は大事だが、ごみ減量への取り組みは、住民の意識や協力度、各自治体に設置された施設など、おかれた状況を直視しながら検討する必要があるといえる。

26 分別してもごみが減らない不思議

愛知県碧南市

住民7万人の中規模の町で、細かく分別してみたら…

7万4000人が住む愛知県碧南市《へきなんし》は、太平洋・三河湾《みかわわん》に面する町だ。窯業《ようぎょう》、鋳物《いもの》、醸造などの伝統産業とともに、衣浦《きぬうら》臨海工業地帯には、トヨタ自動車や関連の部品工場がある。財政は豊かで、2005年度の財政力指数で全国一に輝いた。

その碧南市が全国的に有名になったのは、ごみの分別数の多さだ。分別数は26。徳島県上勝町が34分別を始めるまでは全国一で、いまも全国二位を誇る。上勝町のように、かつては全国の市町村の職員たちが見学に訪れた。

自治体が分別の数を増やすのは、これまで〈可燃ごみ〉か〈不燃ごみ〉にしていたごみから、〈資源ごみ〉を分け、リサイクルに回すことにある。

ところが、碧南市を見ると、全体のごみ量が減らないどころか、肝心のリサイクル率も一向に高まらないのだ。

市のごみ収集の出発は、「ダストボックス方式」に始まる。いまでは天然記念物のような存在だが、隣の高浜《たかはま》市と一部事務組合を作って焼却炉を建設。1969年から、鉄製のごみ箱を置いて、収集を始めた。

24時間いつでもごみが出せるダストボックスは便利だったが、高度成長期に入ると、問題が噴出した。市民がさまざまなごみを大量に出すようになり、壊れたラジオなど電化製品や蛍光灯などの危険物も投入され、入りきらないごみは箱の周りに散乱した。

1995年、市はボックスを廃止し、ごみを20種類に分別、集積所に出してもらう方式に切り替えた。表を見ると、紙類などはさらに細分化しており、可燃ごみも入れると、計26分別になる。

分別と相容れないボックス方式からいきなり20種類という細分別に転換した碧南市は、「徐々に分別の種類を増やすより、やるなら徹底的に」との方針を貫き、市民への説明会は、150回にも及んだ。

こうして分別収集の幕が開いた。市は町内会ごとに200世帯に1カ所の割合で99のごみ集積所を設置し、月2回、朝6時半から8時半の間に市民が持ち込むようにした。集積所には、町内会で選ばれた指導員と住民が2人1組になって「立ち番」をして、分別を「監視」することになっている。だから、町内会に入っている住民には、年1~2回の割合で、順番が回る。

指導員には1回に付き1500円の手当てが支給され、その他の住民はボランティアだ。

ごみ捨ては朝8時半まで、「立ち番」の負担も

住民の多大な協力の上に成り立つ「碧南方式」は、独居老人の安否確認という福祉面での効果もあるようだ。が、共働きや赤ちゃんがいる家庭、5分でも長く寝ていたい勤労者や学生などが、早朝に、2週間分のペットボトルや古新聞を持ち込むのは大変だ。

しかも、びんは〈一升びん〉〈ビールびん〉〈黒〉〈無色〉〈茶色〉〈青・緑〉の6種類、プラスチックは、〈トレイ〉〈発泡スチロール〉〈硬質プラスチック〉〈ペットボトル〉の4種類、その他、紙5種類、缶3種類、ライターや乾電池まで、細かく分けなければならない。

町内会に入らないと「立ち番」の義務はないが、「資源を出すだけではないか」と不満の声もあり、転居してきた新住民や単身者は、肩身が狭いという。

このため、一部組合の運営する「クリーンセンター衣浦」に、直接持ち込む市民が増えている。常設されているので便利だが、持ち込む際、20種類に分けなければならない。ただ、平日ならいつでも持ち込むことが可能で、粗大ごみが無料など利点もある。そのためセンターの利用者は多く、月曜日と金曜日には、センターに通じる道路が車で渋滞するほどだという。

細かく分別しても、リサイクル率はたった16%

ごみ集積所に出すにせよ、クリーンセンターに直接持ち込むにせよ、市民に負担を強いて分別をしているのに、碧南市のリサイクル率は、環境省の2006年度の統計によると、16・6%。全国平均の19・6%よりも劣り、これなら細かく分別する意味はない。調べてみると、「なるほど、これじゃあ、リサイクル率が上がるはずない」と思える事実があった。

20分別に踏み切った1995年といえば、まだリサイクル時代が幕を開けたばかり。市長が熱心なこともあって、独自で資源の受け皿を開拓した。びん、缶、古紙、ペットボトル、プラスチックなどをリサイクルするため、市内のリサイクル業17社が出資して2つの組合を作り、設備投資した。業者と市の、切っても切れない関係がここから始まった。

資源収集とリサイクルは、すべて地元のリサイクル業者に委託している。たとえば、プラスチックごみのうち、バケツやCDなどの硬質プラスチックは、市内の業者に引き取ってもらい、RDF（ごみ固形燃料。詳細は81ページ）に加工して、燃料にしている。

1995年に制定された「容器包装リサイクル法」では、容器包装プラスチックを収集・保管するのは市の役割だが、その後のリサイクルは、飲料メーカーなど容器を利用する事業者のお金で行うことになっている。ところが市には、容器包装プラスチックという区分がない。ペットボトル、トレイ、硬質プラスチック、発泡スチロールの4つに分けて回収し、それぞれリサイクルのお金を、組合の指定する業者に払って委託している。いくら財政力指数全国一といっても、メーカーなどの事業者がリサイクル費用を負担する「容リ法」の仕組みも無視してリサイクルする姿は異様だ。

市内の集積所で回収したアルミ缶などの資源ごみは、スクラップ業者などに販売され、2007年度で約2700トン、2770万円になる。一方、市民がクリーンセンターに持ち込んだ資源ごみは、2007年度700トンあり、業者への売却益は一部事務組合に入る。年間4000トンほどになる焼却灰の3分の2は愛知県内の財団法人の埋め立て処分場に埋め立て、残りは名古屋市と奈良県の産廃業者に溶融処理などをしてもらっている。

ボックス廃止と細かい分別の効果でいったん激減したごみは、徐々にリバウンド状態だ。住民の安心感と慣れが影響したのかもしれない。ごみの総量は、約3万トン。一人一日1111グラムと、ちょうど全国平均にすぎない。

リサイクル率が低いのは、資源の収集日が月2回しかなく、せっかく細かい分別を決めても、市民がそれを嫌がり、古紙などの資源を〈可燃ごみ〉に混ぜて出しているといった理由もある。「分別の種類を減らしてほしい」という市民の声もある。ある市の職員は、「分別が多ければ多いほどいいという考えだったが、これからは市民が出しやすい方法や、分別のあとに機械で選別して資源ごみの品質を高める方法を検討する必要がある」と話す。

碧南市の教訓は、分別数だけ誇っても、市民から支持されなければ何の意味もなさないという単純な事実にある。

分別数が少ない大都市とごみの量の関係とは

大阪市、福岡市ほか

一人当たりのごみの量で比較してみる

分別数というのは、住民が分け、ごみ集積所に出すときの数で示される。びんと缶とペットボトルを一つの袋に入れて出せば、分別数は1分別。だが、地域によっては、こうしてひとまとめにして集めた資源は、すべてリサイクルセンターで、それぞれの資源に分けられて、きちんとリサイクルされているところもある。

だから細かく見れば、分別数とごみの量、リサイクル率の関係を一概には比較できないのだが、おおまかな傾向はわかる。分別の数と、ごみの量はどういう関係にあるのか、今度は人口50万人以上の政令指定都市で見てみよう。

横浜市、大阪市、名古屋市など政令指定都市は全国に17ある（2009年3月現在）。環境省の2006年度の統計や政令指定都市のホームページなどをもとに、都市の住民一人が一日に出すごみの量と、リサイクル率、分別数を比べた（図表3）。

	家庭ごみ（グラム）	1人1日ごみ量（グラム）	リサイクル率（%）	分別数（個）
札幌市	782	1,199	14.5	❺
仙台市	830	1,264	16.7	❺
さいたま市	806	1,127	22.5	❻
千葉市	828	1,286	24.9	❿
横浜市	754	1,046	26.0	❿
川崎市	805	1,107	14.5	❹
新潟市	882	1,223	18.8	❿
静岡市	923	1,236	17.8	❸〜❺
浜松市	719	1,117	19.3	❻
名古屋市	842	1,142	24.4	❾
京都市	547	1,252	4.9	❻
大阪市	701	1,700	4.9	❹
堺市	927	1,261	12.8	❸
神戸市	945	1,478	9.2	❻
広島市	563	970	16.8	❽
北九州市	761	1,289	17.6	❺
福岡市	714	1,439	9.7	❹

注）1人1日ごみ量は、一般廃棄物（家庭ごみ＋事業系ごみ）の量（グラム）÷人口で算出

図表3　政令指定都市のごみの量、リサイクル率、分別数の比較
（出所：環境省、各市のホームページ）

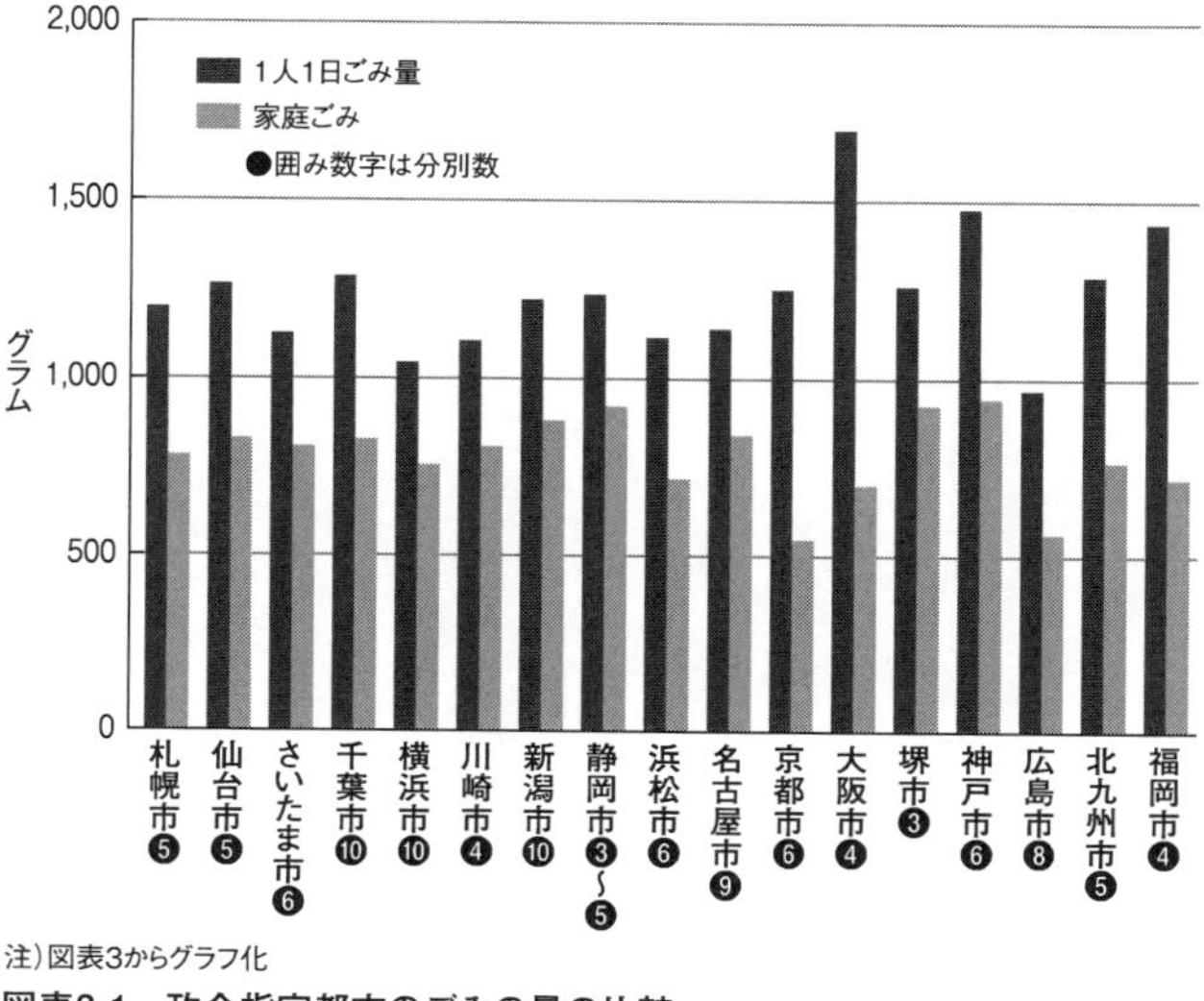

注）図表3からグラフ化

図表3-1　政令指定都市のごみの量の比較

政令指定都市で、もっともごみの排出量の多いのは、大阪市だ。人口は横浜市より100万人近く少ないのに、ごみ総量は約50万トンも多い。一人一日当たりのごみ量に直すと、1700グラムと、全国平均の1・5倍。神戸市が1478グラム、福岡市が1439グラムと続く。大阪市と福岡市の分別は、たったの4分別。多くの市町村が分別の数を増やして競争しているのに比べ、大雑把だ。

細かく分別しないからごみが多い。そう思いがちだが、そうでもない。実はこれらの都市の数字には商店や商業ビルなどが出すごみの量が混じっている。それを除き、家庭から出したごみだけで大阪市と福岡市を比べると、大阪市は701グラム。福岡市は714グラム。17の政令指定都市のなかでは少ないほうだ。

大阪市は、〈普通ごみ（可燃ごみ）〉〈資源ごみ（びん、缶、ペットボトル等）〉〈容器包装プラスチック〉〈粗大ごみ〉の4分別をしている。福岡市は、〈可燃ごみ〉〈不燃ごみ〉〈びんとペットボトル〉〈粗大ごみ〉と、こちらも4分別だ。

同じ4分別でも、大阪市には〈不燃ごみ〉という分類がない。たいていの市町村は、欠けた茶碗やガラスを〈不燃ごみ〉として集め、破砕《はさい》工場で細かく砕いたあと、埋め立て処分場に埋めている。しかし、大阪市では、茶碗やガラスは〈普通ごみ〉として出し、市内9カ所にある焼却工場に運ばれる。ヤカンやフライパンといった金属類は〈資源ごみ〉としてペットボトルやびん、缶と一緒の袋に入れて出している。大阪市は、「これを破砕施設で砕き、金属類はまとめて分けて、売却している。これがいちばん合理的な方法だ」と話す。

大阪市は、2004年度、164万トンのごみを収集し、98%にあたる161万トンが焼却工場で燃やされた。燃やした後に残る焼却灰の33万トンは、埋め立て処分場で処分された。

ただし、大阪市も福岡市も、リサイクル率は、4・9%、9・7%と低い。これについて、大阪市と福岡市は、「もともと商店やビルから出るごみが多いことに加え、リサイクル率の算定には、商店やビルが行ったリサイクルの量が入っていない。家庭ごみだけで見たらもっと高い」と口を揃える。大阪市の場合は、商店やビルが出すごみの収集料金が、周りの市町より安いために、市外からごみが入ってくるという事情があった。

2〜25分別までは、あまり変わらない

他の政令指定都市を見ると、家庭ごみの多い神戸市は6分別、静岡市が3〜5分別と、分別数は少ない。なかでも堺《さかい》市は、〈可燃ごみ〉〈びん・缶〉〈粗大ごみ〉の3つだけ。全国の市町村の99%が収集しているペットボトルすら分別していないから、ちょっと異質だ。一方で、新潟市が10分別、名古屋市が9分別など、分別数の多いところもある。

リサイクル率と分別数との関係で見ると、リサイクル率が26・0%と、もっとも高い横浜市

が10分別、24・9％の千葉市が10分別、24・4％の名古屋市が9分別など、リサイクルに熱心な都市が、分別数も多い傾向がある。

政令指定都市には、10を超える細分別をしているところはない。「細かくしすぎると、住民の負担が大変で、この程度がちょうどいい」（名古屋市など）としており、分別は、住民の反発もあって大きくは変わらない。リサイクルに励んでいる都市でも、「8～10分別程度がちょうどいい」と見ている。「やたらに細かく分けても、収集にお金がかかるばかりで、住民にとってよくない」（同）と言うのだ。

それに対して、市長が「環境」に目覚めたり、住民団体の運動があったりして、細かい分別を行っているのは、小さな町が多い。前述の34分別の徳島県上勝町（人口2000人）、24分別の水俣《みなまた》市（2万8000人）など、地域の町内会やコミュニティが強固で、結束力が強くないとできない。極端な言い方をすれば、「細かい分別なんかいやだ」といってやらない住人は、村八分にされてしまう。

分別の数を増やしているのが、資源ごみである。たとえば、びんは、まとめて出せば1種類だが、〈茶色びん〉〈無色びん〉〈その他の色びん〉〈生きびん〉に分ければ4種類になる。

環境省が、この分別の数と、ごみ量を比べている（図表4）。

2006年度のデータを見ると、2分別から6分別までは約1000グラムで推移し、7分

分別数	分別なし	2種類	3種類	4種類	5種類	6種類	7種類
市町村数	0	9	16	41	81	81	109
1人1日当たり排出量（グラム／人日）	0	974	1,687	1,097	1,047	1,091	964

分別数	8種類	9種類	10種類	11〜15種類	16〜20種類	21〜25種類	26種類以上
市町村数	123	122	138	699	304	66	16
1人1日当たり排出量（グラム／人日）	953	1,035	955	954	929	917	847

注）・1人1日当たり排出量は、各市町村の1人1日当たり排出量の単純平均値
・東京都23区は1市とし、分別数の最も多い種類で集計

図表4　ごみの分別の状況（2006年）

（出所：環境省ホームページ）

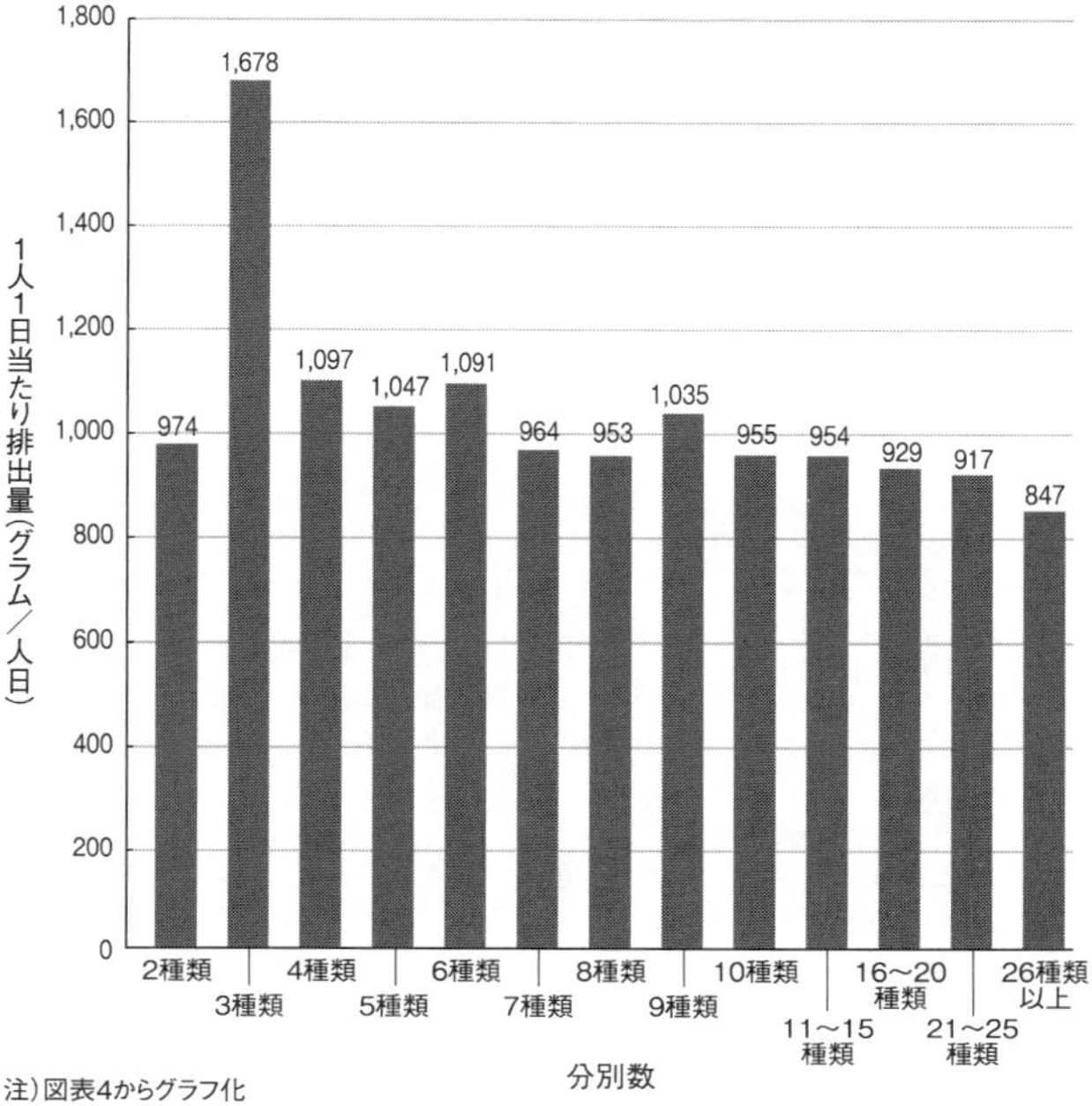

注）図表4からグラフ化

図表4-1　ごみの分別数別の1人1日当たりごみ排出量（2006年）

別から15分別ぐらいまでは、少し下がって900グラム台になるが、その間はほとんど変わらない。16分別以上になると少し下がり、26分別以上になると、800グラム台になる。

これを見ると、分別数とごみ量に、極端な相関関係はないように見える。そこまで細かい分別を住民にさせることがいいことなのか、疑問を抱かせる数字だ。分別の多さに惑わされ、一喜一憂する必要はないのではないか。

福岡市は指定ごみ袋の有料化でごみ減量

人口144万人の福岡市は、〈可燃ごみ〉〈不燃ごみ〉〈びん、ペットボトル〉〈粗大ごみ〉の4分別。市の資料によると、ごみ総量は、2005年度にピークの78万トン、一人一日当たりだと1531グラムになった。そこで市は、2005年10月に、指定ごみ袋の有料化に踏み切った。

ただし、2009年に有料化を導入した札幌市が1リットル当たり2円、20リットルの袋を40円としたのに比べ、1リットル当たり1円、30リットルの袋で30円と、相場より安めに設定した。その効果があらわれ、2007年度には66万トンと、2005年度から約15%減り、一人一日当たりでは、1279グラムに減った。

福岡市では、夜間にごみ収集車がごみを回収する。〈資源ごみ〉のペットボトルとびんは一緒の袋に入れて集め、選別・保管施設で分けるところは、大阪市と一緒だ。もう一つの資源ごみである缶は、「不燃ごみとして収集し、他の金属や、スプレー缶などと一緒に、破砕処理し、選別施設で金属類として取り出して、リサイクルに回している」（市の家庭ごみ減量推進課）という。大阪市同様、いくつかの資源ごみを一緒に回収して、選別施設で分けることは、住民の手間を省き、便利だ。最後はリサイクルされるから、分別の数が少ないからといって、不熱心とはいえない。

福岡市のびん、缶、ペットボトルの回収量の合計は、1万9000トン。ただし、この中にはそれ以外の金属類も混じっている。市は「容器包装プラスチックは量が多いので、収集、選別・保管費用が高くつくので収集せず、可燃ごみにし、発電に利用している」と話す。

分別の数を増やさなくても、有料化などの手段でごみを減らすことには成功した好例だ。ただ、ごみが減ったことで、焼却工場がうまく回らなくなった。福岡市には4つの焼却工場があるが、3つの工場では、それぞれある3炉のうち2炉だけ運転させ、1炉は休止して点検、整備している。せっかくごみが少なくなったのに、それに合わせて焼却炉を減らすこともできず、コストだけがかさむことになったのだ。どの自治体も頭を悩ませるこのコストの問題は、のちほど詳しく見ていくことにしよう。

市民の分別努力も観光客で台無しに

静岡県熱海市

観光の町、熱海市の悩み

日本を代表する温泉で知られる観光地・熱海《あたみ》市（人口4万人）。市の資料によると、2007年度のごみ排出量は年間約3万トンあった。一人一日当たりにすると1992グラムになる。日本全体では約1100グラムだから、2倍近い。

なぜ、こんなにすごい数字になるのか。市の担当者は「市民ががんばって分別をしても、観光客がどんどんごみを捨てればごみは減らない。ごみ量は観光客の増減に比例するのです」とため息を漏らす。

観光の町は、観光客の出すごみに苦しんでいるのだ。

京都市をはじめ、観光地といわれる自治体では、年間を通じて訪れる観光客が生み出すごみに四苦八苦している。いくら市民が努力して分別しても、観光客のおかげで、その努力がフイになっている。

ところが、観光業を根幹産業とし、市の歳入のかなりの部分を、こうした観光業者に頼る市は、貴重な財源である事業者に思い切った施策をとれない。

2007年度に市を訪れた観光客数は、633万人。うち302万人が宿泊客だ。これは市の人口の76倍。観光による経済効果は2005年の統計で約880億円にのぼる。

明治時代に作家の尾崎紅葉が『金色夜叉』で熱海の海岸を紹介したように、全国有数の温泉、観光地として命脈を保ってきた。観光客はお金を落としてくれる神様だ。だから、「きちんと分別してください」なんて厳しいことは言えないのだ。

家庭で分別しても、観光客が出せばパー

旅館、ホテルなどを営む事業者には、ごみ問題どころではない深刻な事情がある。観光客は全盛期の1965年ごろから徐々に減少。1974年の伊豆半島沖地震やバブル崩壊という逆境を乗り越え、やや持ち直し、何とか横ばい状態になった。

それでも2000年以降はなだらかな下降線をたどっている。バブルの崩壊後、店をたたんだ旅館やホテルが相次ぎ、マンションは空室だらけになった。それが、やっと落ち着きを取り戻したという状態なのである。

全国各地で温泉地がメディアなどを通じてしのぎを削っているなか、市の事業者も梅祭りや

花火大会などさまざまなイベントを企画して、観光客集めに余念がない。

バブル崩壊後は市長の方針で、市は旅館やホテル、土産物店などが出す事業系のごみも、家庭ごみと同様にすべて無料で収集してきた。家庭ごみと一緒に回収するため、事業系ごみの割合は正確にはわからないが、全体の約6割を占めると言われている。

一人当たりのごみ量を算出する場合には、商店など小さな事業所が出すごみは、家庭から出るごみと一緒にして計算する。だから、各家庭が、分別をしっかり行って、ごみ減量に努力しても、店や旅館がたくさん出せば、その努力はムダに終わってしまうのだ。

その点では、東京23区も、家庭ごみよりもオフィスや商店から出るごみの割合が高く、熱海市とよく似ている。京都市もそうだ。京都市は、家庭から出すごみは、政令指定都市の中ではすごく少ない。しかし、それ以外のごみが多いから、ごみの全体量を人口で割ると、一人一日当たり1252グラムにもなる。

分不相応な焼却施設が、市民の負担に

熱海市のごみ処理にかかる費用は、年間約8億円。市民一人当たりにすると約1万9000円になる。可燃ごみを燃やすために市は自前の焼却施設を持っている。焼却炉の大きさを決める際に、余裕をもって大きめにすることはよくある。しかし、市は一日102トンのごみを燃

やせる焼却炉を2基持っている。これは人口4万人規模の町には過大といってもいい大きさだ。なぜ、こんな巨大な焼却施設を造ったのか。

市の担当者は、「古い焼却炉は小さくて、あふれたごみを処理できないこともあった。そこで建て替え計画を作ったが、ちょうどバブルの時期だったので、一日5万人の観光客を見込んで、大きめにした」と話す。ところが、バブルの崩壊で、観光客が激減、ごみも思ったほど増えなかった。いま、焼却炉はフル操業とはほど遠い状態にある。当然、大きな施設を造れば建設費もランニングコストも高くつき、市は二重の苦しみを味わっているというわけだ。それが税負担となって、市民の肩にずっしりのしかかる。

しかし、いくら観光客で財政が少しは潤うからといって、財政逼迫《ひっぱく》の折、「ごみの世界」を何とかしないといけない。すでに他の自治体では、ホテルや商店などの事業者が市の指定したごみ収集業者に委託するよう指導したり、有料のごみ袋を買わせて出してもらうようにするなど、市の税金を使って収集しないことが主流になっていた。

こうした事業系のごみは、廃棄物処理法で「事業活動に伴って生じた廃棄物を自らの責任において適正に処理しなければならない」と「自己処理責任」が定められている。

そこで市は、2004年度に政策を変更し、他の自治体を見習って、家庭ごみとは別に収集してもらうことにした。もともと、すべての事業者が市の収集におんぶしてもらっていたわけではなく、04年時点で約6割の事業者が、市の許可した収集業者に収集を委託してもいた。残り4割は、市民から徴収した税金で収集していたが、多くは財力のない零細業者だ。市は、宿泊施設を束ねる「熱海温泉旅館組合」と「南熱海網代温泉旅館協同組合」に要請し、同組合と行政が経営者たちと交渉した。町の職員たちは、一軒一軒訪ねて回って、説得した。06年9月時点で、4割が2割に減った。

市の可燃ごみの収集は、週3回と多い。これは、旅館やホテルから出る生ごみが多く、それに配慮してきた結果でもある。だが、あるホテルの経営者は、「民間の収集業者なら毎日集めてくれるので助かる」と話す。

週末だけの疑似市民にどう対応するか

バブルの崩壊で、企業の保養施設が次々と閉鎖された。しかし、一方では、それに替わって温泉付きのリゾートマンションが増えている。居住するのではなく、セカンドハウスとして週末だけ利用するというオーナーが主流だ。

熱海市に住民登録をしていないので住民税はかからない。しかし、市民と同じように、ごみを出す。当然、その分の収集・処理費用は地元の住民の税金で負担せざるを得ない。水、道路、消防といった行政サービスも同じだ。

市は、国と協議した結果、1976年から住民税に替わる負担方法として、「別荘等所有税」を導入している。熱海市に家屋を所有している人で住民票と税申告のない人に、延床面積1平方メートルにつき、年額650円が課税されている。といっても、50平方メートルのマンションを持っていても、年額3万2500円。月に直すと2708円。その一部をごみ処理費にあてているが、熱海市民の不満は強い。

現在、市は、ごみの減量、分別、リサイクルなどに市民に取り組んでもらうため、2009年に粗大ごみを有料化し、2010年には可燃ごみを入れる指定ごみ袋の有料化も行いたいという。

何でも捨てられるダストボックスを再検証する

東京都府中市

かつてダストボックスは無法地帯だった

東京都府中《ふちゅう》市（人口約24万人）には鉄製の「ダストボックス」がある。〈可燃ごみ〉は水色、〈不燃ごみ〉はオレンジ色の2つのボックスがあり、いつでもこの中にごみを捨てることができる。この便利さから、廃パソコン、アイロン、電球、電気ポット、鉄アレイ、風呂のマット、布団、簡易ボンベなど、ありとあらゆるものが、不法に捨てられているのだ。

道端を歩くと、約50メートルごとに、かくれんぼができるぐらいの鉄製の容器が並んでいるのを見かける。全国的にも、かなり希少になったダストボックスである。

ある日曜日、国立《くにたち》市と府中市の市境にあるボックスを見ていると、国立市の方角から車がやってきた。車から降りた男性は大量のごみ袋を取り出し、オレンジ色のダストボックスに投げ込むと、いそいそと車に乗り込み、また国立市方向に帰っていった。

昔は、同じようなダストボックスを置いている町が多かった。でも、不適正なごみの投棄につながるし、四六時中なんでも捨てられる安心感がごみを大量に出すことにつながってしまう。先のように、よその市の住民が捨てに来ることも多い。

そこで、「ダストボックスはごみ減量の敵」と廃止する市町村が相次ぎ、いまは風前の灯だ。

便利だからと維持を選挙公約にした府中市長

府中市でも、これをどうするか議論になったことがあった。2000年、府中市民が集まって市の環境基本計画の素案作りをした。そのなかに、ごみ問題を検討するグループがあり、このダストボックスをどうするか議論した。ある女性は「ダストボックスを残していたら、ごみは減らない」と廃止を主張した。またある男性は「いや、あれは捨てがたいよ。便利だから。廃止しなくてもごみは減らせる」。別の男性が言った。「市長が市長選でダストボックスの存続を公約にして当選したからね。計画に廃止を盛り込むのは難しいよ」

野口忠直市長は、「ダストボックスの維持」を公約に、市長選に出馬、当選したからだ。市は市民に「維持するか、それとも廃止するか、どちらがいいか」とアンケートした。市民の多くは、便利なダストボックスの維持を選んだ。こうして、市役所のなかでは、この問題はアンタッチャブルになった。男性が言ったのには、そんな理由があったのだ。

結局、2001年にできた素案は、ダストボックスをどうするか、今後検討するとなった。

いわゆる先送りだ。

市の職員たちも、公約に掲げた市長に従った。市民にアンケートをし、ダストボックスの存続を希望する市民が多い、という結果をもとに存続を堅持した。

稲城市長に迫られ、廃止を表明

それから7年後の2008年。野口市長は議会で、ダストボックスの廃止を表明した。3選目のときは、さすがに、「ダストボックスを維持します」とは言わなかった。実は、表明する前、石川良一・稲城《いなぎ》市長から、一刻も早く廃止するよう通告されていたのだ。

石川市長は言う。「『うちにある焼却工場でごみを処理してもらいたいなら、ダストボックスを廃止しなさい』、と通告し、府中市長に約束させたんだ」

府中市は、隣接する稲城市などと一緒に一部事務組合を作り、稲城市内に焼却工場を造り、ごみを持ち込んで燃やしてもらっている。

市内から出るごみの一部は、隣の小金井《こがねい》市などと一緒に造った小金井市にある焼却工場でも燃やしていたが、この工場が老朽化し、閉鎖され、燃やせなくなった。困った府中市は、そのごみを、稲城市に頼んで、持ち込むことを認めてもらった。でも、それに条件がついた。ごみ減量に努力し、持ち込むごみの量を減らすために、石川市長がごみ受け入れの条件として出したのが、「ダストボックスの廃止」「ごみの有料化」「戸別収集」の3つだった。

稲城市もその周辺の町でも有料化と戸別収集を進め、ごみを減らしている。ダストボックスが東京都内で残っているのは、府中市だけだった。焼却施設のある市の了解がないと、事務組合を構成しているからといって、ごみは勝手に持ち込めないのだ。

野口市長は「わかりました」と、丸呑みするしかなかった。それに、この問題を深く勉強したわけでもなかったから、代案もなかった。廃止は2010年の予定である。

もちろん、「ダストボックスは悪いことばかりではない」と言う人もいる。カラスが飛んでこないし、臭くない。自由な時間にいつでも捨てられる。それに、ごみ先進国といわれるドイツだって、マンションや自宅の前にあるボックスにごみを入れている、というわけだ。

だが、この気楽さと便利さが、決められた分別を怠り、ごみを減らそうという意識を住民に失わせる。ダストボックスに入れると、外からは見えないので、不法投棄の温床になってしまうのだ。

ごちゃまぜに出すから資源にならない

府中市では、ダストボックスのふたが盛り上がり、中からごみ袋がはみ出していることが多い。さらに、壊れたパソコン、ＣＤプレーヤー、電球、鉄アレイなど、処理に困るものもたくさん混じっている。いつでも捨てられる気軽さがこの風景を呼んでいる。

さらに、容器包装プラスチックを分別して市民に出してもらうときに、市がダストボックスを活用することにしたことで事態はさらに悪化した。

オレンジ色のボックスはこれまで〈不燃ごみ〉だけだった。ところが、月の3週間は〈容器包装プラスチック〉を入れ、残りの1週間は〈不燃ごみ〉を入れることにした。市民は大混乱し、リサイクルに使うプラスチックと、ただのごみである不燃ごみがごっちゃに出されることになったのだ。

プラスチック問題については第四章で詳述するが、容器包装プラスチックは、市が異物を取り除いた上で、事業者に引き渡している。しかし、その選別現場は、悲惨のひとことにつきる。「府中市リサイクルプラザ」は、多摩《たま》川沿いの国立市に近い場所にある。そこで、集めたびんや缶、ペットボトル、容器包装プラスチックなどの選別と保管をしているのだが、容器包装の選別は大変な状況にあった。

まず、機械でごみ袋を破って、中身をベルトコンベヤーに載せる。それを作業員が手で選り分ける。ベルトコンベヤーを見ると、空き缶、紙ごみ、スプレー缶、歯ブラシといった異物がいっぱい入っている。それを取り除いて、機械でさらに選別。さらにベルトコンベヤーに流し、作業員が残った異物を取り除く。雑多なごみが混じり、人や機械を使っても、容器包装プラスチックだけを分けることなんてできない。

担当者はため息をついた。「曜日を変えたって、同じダストボックスに入れてくれと言えば、こうなることは目に見えていた。選別の人を増やし、最新式の選別機械を入れても、改善される見通しがたたないのです」

賢い使い方も、改善策も模索しない「ごみ改革推進本部」

容器包装プラスチックは、圧縮し、1メートル四方のサイコロ状のベールと呼ばれる形状にし、日本容器包装リサイクル協会に引き渡す。

だが、協会は、異物や汚れたものが多いとリサイクルできないことから、年に2回審査に入り、異物が混じっていないか調べる。そのチェックにひっかかった。審査に来た職員が、いくつかのベールをあけて、中身を取り出した。異物がいくつも見つかった。

市は、改善計画を出して改善に乗り出し、再度審査を受けなおすことになった。それでもだめなら、翌年度は引き取ってもらえなくなる。そうなると、トン当たり6〜9万円かかるリサイクル費用が、まるまる市の持ち出しになってしまう。

府中市は、改善計画を作り、リサイクルプラザの作業員の数を増やし、選別機械を新たに買って、異物を除こうとした。多額の税金がそれに投じられた。しかし効果はあがらなかった。

市民が分別をしないまま出したごみは、ごみのままであり、資源にはならないからだ。

再度、審査した協会は、再び要注意のDランクの烙印を押して帰った。

こんな危機的な状況なのだが、市は容器包装プラスチックの分別方式を変えようとはしない。

「ごみ改革推進本部」という大げさな名前がついた部署の幹部はこともなげに言うのだ。

「ダストボックスがあるのに、容器包装プラスチックだけ袋に入れて外に出しておいてくれ、とは言えなかった。ダストボックスが廃止されたら改善されるでしょう」

合併のおかげで分別ルールが大混乱

新潟市、さいたま市

分別ルールは基本的に自治体まかせ

市町村の合併が進み、自治体の数が減った「平成の大合併」。2004年には全国に3100あった市町村は、2006年には1820、2009年には1778まで減少した。市町村合併は、財政の厳しい市町村が、一緒になることでお互いに補ったり、より効率的な行政を行ったりすることに狙いがあった。

でも、合併してみたら、「役場が統廃合されて不便になった」「合併に乗じて手数料が値上げになった」など、住民の不満も強い。

何より、住民がいちばん戸惑っているのは、これまで自分の住む町のルールが、突然、変わることにある。市町村はそれぞれ、独自のルールを決めていることが多い。「互換性」に欠けるのだ。ごみもその例外ではなく、合併後遺症とも言える状況があちこちで起きている。

日本では、どんな種類のごみをどのように分別し、その後、どう処理するかは、市町村がばらばらに決めて行っている。転勤で引っ越しした住民は、役所に行くと、まず、ごみ収集のカレンダーをもらい、頭にたたきこむ。

たとえば、プラスチックごみといっても、〈可燃ごみ〉にしている町と、〈不燃ごみ〉にしている町がある。おまけに、プラスチックごみのなかでも、容器包装だけ〈資源ごみ〉に分別するよう求めるところもある。収集の回数も、週に1回だったり、2回だったり。一通り覚えるのにかなり苦労するものだ。

転勤族は、「郷に入《い》れば郷に従え」と、最初からあきらめているが、合併で町全体が大きく変わるとおおごとだ。合併すると、「どの自治体に合わせるか」「処理施設をどうするか」といった課題を抱えて、市町村の担当者も頭を痛める。

15市町が合併した新潟市の場合

2005年までに15市町が合併し、2007年に政令指定都市になった新潟市（人口約80万人）も、ごみ分別が不揃いのままだ。

大合併の後、政令市を目指していた市は、ごみを減らすために、まず容器包装プラスチックの分別収集を全市で行うことにした。

旧新潟市（現新潟区）はすでに、1997年にプラスチックごみのリサイクルを始めていた。

市が集め、独自に民間業者に委託していた。容器包装リサイクル法に基づき、事業者の責任で全国的にリサイクルが始まったのが２０００年だから、かなり早い取り組みだった。

当然のことながら、市は合併した旧巻町《まきまち》ほか3町村の「巻広域地区」と旧新津《にいつ》市の「新津地区」でも容器包装プラスチックの分別収集を行おうとしたが、巻広域地区の住民から思わぬ抵抗を受けた。

実はこの地域は、２００２年にごみ処理施設をガス化溶融炉の施設に建て替えたばかりだった。

ガス化溶融炉は１３００度もの高温なので、どんなごみでも溶かしてしまうことができる。そこでは、ごみを分別する必要がない。そこでそのまま埋め立て処分していたプラスチックごみを、生ごみや紙ごみと一緒に〈普通ごみ〉として燃やすことにした。

ただ、「分ける手間がなくなると、ごみ量が増えるかもしれない」という心配から、「家庭ごみの有料化」を導入した。ごみ袋を有料にし、それ以外の袋にごみを入れて出せなくしたのだ。住民は、お金のかかるごみ袋を少なくしようとするため、ごみの排出量を減らす効果がある。

分別の変更は、それまでのやり方になれた市民を混乱させることにもつながるが、市はごみ減らしに本腰を入れようというのに、収集方法がバラバラでは困るとし、「同じように有料化を導入しているのに、容器包装プラスチックを分別収集している地区と比べて、巻地区や新津地区は100～200グラムもごみ量が多い」と、可燃ごみ扱いをやめるよう求めた。

せっかく建てた「ガス化溶融炉」は、細かい分別がいらないのに…

しかし、巻広域地区の住民の抵抗は、予想以上に強かった。
「せっかく溶融炉を作ったのに」「(分別を) 無理に統一することはない」「多少ごみが増えても分別を簡素化すべき」。最後は、市長宛に4万人を超す反対署名まで出された。

さすがの市も「性急に事を進めるのは無理」として統一化をあきらめた。猶予期間を設け、プラスチックごみは、しばらくの間はこれまで通り燃やし続けることになった。

ごみ処理施設のプラントメーカーは、どんな分別の結果、どんなごみがどの割合で入ってくるかを予想して設計し、納入した焼却炉を調整している。プラスチックや紙の割合が多ければ、燃焼温度は高くなるので、耐熱性にすぐれた材質を使う。生ごみが多ければ、温度の低い生焼きにならないような工夫が必要だ。いったん導入した焼却施設は、20年以上使うから、運転する技術者から見ると、頻繁に分別の方法を変えて、焼却施設のごみの質が変わっては困るのだ。そんな声を受けて、分別方法を変えることに億劫になる市町村も多い。

ガス化溶融炉は、何でも燃やすことができ、分別する手間をはぶける。だから、ガス化溶融炉を導入したのに細かい分別をするのは、設計者やプラントメーカーにとって本意ではないだろう。巻広域地区の住民が細かい分別を嫌うのは、ガス化溶融炉の特性に合っていないことを知っているせいかもしれない。

さいたま市も地区によって分別方法が違うまま

埼玉県さいたま市は、旧浦和《うらわ》市、旧大宮《おおみや》市、旧与野《よの》市が2001年に合併して誕生した。05年には旧岩槻《いわつき》市と合併し、人口121万人を擁する政令指定都市だ。

市の分別を見ると、新潟市と同様、プラスチックごみの分別が、あとから一緒になった岩槻地区（旧岩槻市）だけ違う。

現在、市は容器包装プラスチックのうち、「市民の生活に密着している」として、食品プラスチックだけを分別収集している。容器包装リサイクル法は、シャンプーや洗剤の入った容器や食品以外の商品を包んだ袋類はすべて分別、リサイクルの対象になっているのに比べて、対象がかなり限定されている。対象外のプラスチックは焼却している。

それに対し、岩槻地区ではプラスチックごみを〈燃えないごみ〉としてすべて一緒に集めたあと、容器包装類を選別してリサイクルルートに乗せ、残ったプラスチックごみは破砕して、埋め立てている。従来やってきた方法のままだ。

分別ルールは、一度決めるとなかなか変えられない

なぜ、合併したあともそのままなのか。

それは、旧岩槻市が周辺住民と交わした「公害防止協定」があるからだ。焼却炉などのごみ処理施設を稼動するときに、「プラスチックごみについては燃やさないこと」となっている。プラスチックの焼却問題については次章で触れるが、プラスチックを燃やすと有害物質が出て、大気汚染の心配があるという住民感情をくみ取ってのものだった。

市の担当者は「ゆくゆくは統一するつもりだが、これを条件に、ごみ焼却施設の建設を了承してもらったのだから、すぐに変えるわけにはいかない」と話す。

市内には5つの焼却施設がある。将来的には、ごみ収集の効率性を考えて市内を4分割し、4地域にそれぞれ1工場を整備する計画がある。老朽化が進んでいる岩槻地区の施設は、そのとき他の施設に統合し、分別を統一する、というのが市の考えだ。だが、それまでには相当の時間がかかる。

「立派な施設だから、プラスチックを分ける必要がない」と燃やしている新潟市巻広域地区、「プラスチックごみはすべて燃やしてはいけない」というさいたま市岩槻地区。それぞれ同じ市に住み、同じごみを出しているのに、燃やしてみたり、埋めてみたり、リサイクルに回してみたり。いずれも合併前の分別方法を温存し、市としての一体性を欠いている。

第二章 焼却、埋め立て…知られざる分別後の世界

焼却炉を造りすぎ、ごみが足りずに追い炊き!?

東京23区

「ごみを減らそう」と言いながら、焼却炉を造り続けた

東京23区は、約877万人を擁する首都の中心部。人口はもちろん、ごみの量もはんぱではない。23区内には、21の焼却（清掃）工場があるが、実は、いまあちこちの焼却炉で、ごみが足りずに困っている。燃やすごみが足りない場合、都市ガスなどで追い炊きしないと、よく燃えなくなる。これでは、せっかくごみを減らしても、環境改善に役立っているとはいえない。

焼却工場が余り気味になっていることを象徴する「事件」があった。2003年2月にさかのぼる。23区で作り、焼却工場を管理、運営している「東京二十三区清掃一部事務組合」の幹部が、関東財務局を訪ねた。訪問の目的は、新宿区と中野区にある国有地の払い下げの件だった。

組合が、この土地を買って清掃工場を建てるかどうか、23区の区長会で議論したが、なかなか結論が出ず、「もう少し結論を待ってほしい」と財務局に泣きついた。当初、「2002年の

秋が期限。返答がなければ他に売却する」と言っていた財務局は、組合の頼みを聞き入れ、売却を先延ばしすることにした。当時は東京都の作った計画が組合に引き継がれ、工場を新設することになっていたからだ。

東京23区のごみ処理の仕組みは複雑だ。

「廃棄物処理法」では、家庭ごみと商店やビルから出る事業系ごみは、一般廃棄物としてそれぞれの市町村が責任をもって処理することになっている。しかし23区では、長い間、ごみの収集も、それから先の処理も、東京都清掃局が受け持ち、23区はほとんど何もしなかった。

2000年の地方自治法の改正に伴い、「区」と「都」の仕事の見直しが行われ、収集・運搬は「区」が受け持ち、焼却は、23区で作る「東京二十三区清掃一部事務組合」が、東京湾にある埋め立て処分場の管理は「都」が、それぞれ役割分担することになった。

現在、17の区に21の工場があり（図表5）、2006年度には年間約283万トンのごみを燃やしている。

ごみが増えているときは、「全量焼却」が都清掃局の合言葉だったが、焼却工場は迷惑施設だから、歓迎する住民はいない。そこで、東京都や予定地の区役所職員が日参して説得、焼却工場を徐々に増やしてきたというのが実情だった。

新宿、中野、荒川3区に焼却工場を建設する計画は、1990年代前半に決まっていた。そ

注）※印は、灰溶融炉設置工場

図表5　東京23区の清掃工場

（出所：東京二十三区清掃一部事務組合HP）

れは、2000年に組合が焼却工場の計画と管理を受け持つようになっても変わらなかった。

ところが、その間、ごみの世界に地殻変動が起きていた。ごみが減り始めたのである。住民がごみ減量に努力したり、行政がリサイクルに取り組んだりしたこともあるが、景気が悪く、家庭も商店も商業ビルも、活動が鈍ってきたのだ。ごみの排出量は、1989年度の490万トンをピークに急落し、2001年度は352万トンにまで減った。

新宿区、中野区、荒川区は新設を断念

新宿、中野、荒川の3区は、もちろん焼却工場を造ろうと考えていた。将来、組合がなくなり、区ごとに焼却工場を管理するようになれば、焼却工場のない区のごみは行き場を失うからである。計画では、いずれも2003年度に土地を購入し、2006年度から2011年度に建設着工の手はずだった。

しかし、組合で23区内の工場の「焼却能力」を予測したところ、すでに工事などに入った既存施設の建て替え分だけでも、2008年度には、現行の計303万トンから357万トンに増えることがわかった。ごみの排出量が横ばいを続けると仮定しても、焼却能力は、ごみの排出量を50万トン以上も上回ってしまうのである。

そこに、さらに新宿区（焼却能力一日600トン）、中野区（同400トン）、荒川区（同3

00トン）の3工場が完成すると、全体の能力はさらに1割以上増える。これでは、ごみが足りなくなって、既存の焼却工場のいくつかは休止せざるを得なくなってしまう。

結局、組合事務局は「新たな工場を建設する必要性は、23区全体として極めて乏しい。従って、用地の取得等建設準備に着手する必要性はないと考える」との報告書をまとめ、各区に根回しを始めた。これは、組合の事務局長を派遣している東京都の意向が強く働いていた。

新宿区長らは、あくまで焼却工場を造るよう要望し続けたが、他の区の区長らから、「3工場の建設費は1127億円もする。そんな余裕はない」と反論され、断念せざるを得なかった。

それでも「ごみは増える」と予測し続ける組合

現在、21もある焼却工場は、1980年代に建てられた工場が2つ残っているが、あとはみな、90年代に入って新たに建てられたり、建て替えられたりしたものだ。

ごみが減れば、工場の数を減らしたり、規模を小さくしたりするのが世の中の常識だ。リサイクル先進都市の横浜市では、焼却工場を2つ、京都市も1つ廃止した。燃やすごみを減らせば、大きな焼却工場は少なくてすむ。

ところが、23区では、21あるいまの焼却工場の廃止を検討する予定はない。練馬区の焼却工場は、一日520トン燃やせる能力があったが、建て替え計画によると、たった20トン減らし、500トンにするだけだ。最近、建て替えた工場では、板橋工場が一日1200トンの能力から600トンに、足立工場が1000トンから700トンなど、それなりに縮小はしているが、工場の廃止はない。

組合の幹部は言う。「私たちの試算によると、ごみはそんなに減らない。社会情勢やごみ量の変化に応じ、見直しをしているが、それなりの余裕が必要だ」。本当だろうか。

組合が作ったごみ処理の基本計画によると、ごみ量は、2004年度にあった335万トンが、2020年度には354万トンに増えると予想している。しかし、これには資源ごみは含まれていない。各区が、資源ごみを回収し、リサイクルする量が増えれば、燃やすごみも減るはずだ。

ところが、どれだけリサイクルするのかが、この計画には示されていない。全国の多くの市町村が、資源ごみを増やし、燃やすごみの量を減らそうと努力しているなか、23区の組合の計画は、とても奇妙だ。しかも現実にごみは減り続け、焼却工場が必要とするごみが足らなくなっているというのにだ。

23区内から出たごみは、焼却工場のない区もあることから、23区内を駆けめぐっている。より大量のごみを必要とする焼却工場では、ごみを確保することが工場長のいちばん重要な仕事の一つになっているという。焼却工場のある職員は言う。

「工場の担当者はごみを確保しようと、組合の幹部にかけあうなど、大変な思いをしてやっている。千葉県など他県で出たごみは、受け入れることはできないが、事業者が持ち込んでも、ごみを増やすために見て見ぬ振りをしたこともある」

23区のいびつなごみ処理の構造

45万人が住む江東区《こうとう》には、新江東工場と呼ばれる一日に1800トン燃やせる世界最大級の焼却工場と、有明《ありあけ》工場と呼ばれる400トン燃やせる焼却工場がある。この2つの工場の能力は、23区内の21全工場の6分の1を占めるから、江東区の3倍以上、約140万人分のごみを受け入れていることになる。とてもいびつな工場の配置だ。

こんな現状に、さすがに江東区も怒った。他の区から入ってくるごみに対し、お金を徴収することを区長会に要求し、採用されることが決まった。区の担当者は、「ごみの処理施設ばかり区内に集めてもらっては迷惑。他の区もそれなりの負担をするのが当然だ」と話す。

1970年代、焼却施設の立地をめぐって、社会紛争が起きた。「東京ごみ戦争」である。「うちはトイレじゃない」。江東区長らがピケを張り、区内の埋め立て処分場への他区からの搬入を阻止したのは、1972年の暮れ。当時、23区内から出るごみの7割が、江東区の処分場に持ち込まれていた。一日500台のごみ収集車が走り回り、悪臭、ハエなどの被害は深刻だった。1971年に区議会が、区外からのごみの持ち込みに反対する決議をあげていたが、改善されなかった。実力行使に驚いた東京都は、各区に焼却工場を造り、ごみを減量化し、衛生的に処理することを決め、「山の手」の杉並区に焼却工場を造ろうとした。ところが今度は、杉並区民から「立地の決め方がおかしい」と反対運動が起きた。

杉並区民に、「杉並区は23区の床の間。そこにごみを持ち込むのか」という感情もあって、それに江東区民が憤慨し、紛争は泥沼化した。

結局、杉並区の予定地周辺住民と都は裁判で和解し、1982年に焼却工場が完成した。だが、都は建設の見返りとして、他区からのごみは杉並区に入れないことを約束した。その結果、焼却工場は、実に奇妙な構造になった。工場には、一日300トン燃やせる焼却炉が3つあり、900トンの処理能力がある。しかし、そのうちの1炉は動かせないようになっている。当時としては破格の177億円を投じて造った工場が、能力の3分の2しか発揮できないでいるのだ。江東区のように特定の地域に負担させるようないびつな配置を見直し、均等にごみ処理の責任を負っていくという視点は、いまだ乏しいのではないだろうか。

場当たり的な焼却炉建て替え計画で総スカン

東京都小金井市

住民の反対にあった建て替え

東京都多摩地域は30市町村、東京都民の3分の1にあたる約412万人が暮らす。23区と違い、分別とリサイクルに熱心で、リサイクル率は平均で約30%。23区の2倍に達する。なかでも小金井市のリサイクル率は、4割を超える。環境省によると、人口11万3000人の小金井市は、全国10~50万人の自治体のなかで3番目に高い。

ところが、徹底したごみ分別を行う市が、周辺市町村から総スカンを食らっている。市内にある焼却施設の建て替えをめぐって、市民の猛反対にあい、建設がままならないのだ。

小金井市は、隣接する府中市、調布《ちょうふ》市とともに一部事務組合を作り、1967年、3市の境界線に「二枚橋《にまいばし》焼却施設」を建設した。焼却炉の寿命は早くて20年、改修などを行えば30年以上使えるが、いずれは建て替え時期がやってくる。そのとき、地元の住民にどう説明し、理解してもらうかが重要だ。

1970年代後半、多摩地域は人口の増加に伴い、ごみ量も増えていった。組合は、近い将来、新たな焼却施設が必要になるとし、1984年に建て替え計画を打ち出した。しかし、建設を一度限りと思い込んでいた地元住民は激しく反発した。

こんななか、1985年に小金井市は議会である決議を行った。「二枚橋焼却施設の建て替えは、小金井市民の現状を十分に斟酌《しんしゃく》し、公害のない、住民に迷惑をかけない施設とし、かつ、他に第二工場を建設することが付帯条件である」。これは、建て替える焼却施設を小さくし、同時に、別の場所にも焼却施設を造ることを意味していた。

これが調布市と府中市に不信感を抱かせることになった。3市が使える焼却施設を小さくするということは、調布市と府中市のごみを引き受けないということを意味する。そう受け取った両市は、建て替え計画をあきらめ、それぞれ別のパートナーを見つけ、ごみ処理を進める道を歩み出した。

地元住民の意向に配慮した小金井市は反対に取り残され、建て替え計画は頓挫した。そうこうするうちにも、施設の老朽化は進み、2004年に入ると、煙突は地震による倒壊のおそれさえ出てきた。改修を重ねてきたが、もう限界だった。

建て替え中の10年間で、処理費も2倍に

ごみの行き場に困った小金井市が泣きついたのは、西隣にある国分寺市《こくぶんじ》だった。「焼却施設ができたら国分寺市のごみを受け入れます。それまでは、小金井市のごみを引き受けてもらえませんか」。虫のいい依頼だったが、国分寺市も自前の焼却施設が古くなれば、どこかに新しい施設が必要なので、その話に乗った。

しかし、予定通りに新しい焼却炉ができたとしても、業者の選定から設計、完成まで10年かかる。その間のごみ処理は「他市町頼み」になるのだ。国分寺市との約束を担保にし、小金井市の幹部たちは、多摩地域の他の市町に頭を下げて回った。やっとごみの受け入れ先を確保したのは、老朽化で二枚橋焼却場が閉鎖された2007年3月。滑り込みセーフといったきわどい状況だった。

小金井市の出す年間約2万トンにのぼる家庭ごみにかかる処理費用は、これまで以上に高くつくことになった。というのは、二枚橋ではトン当たり2万5000円のコストですんでいたのが、持ち込み先の市町からは、トン当たり4万5000円から5万円を求められたからだ。

こんな状態なのに、稲葉孝彦市長は一向に解決に乗り出そうとしなかった。せっぱつまって、市役所の中に検討会を作り、新焼却施設の建設場所を決めることになった。2カ所に絞り込んだが、1つは周りに高層マンションが建ち、リサイクル施設のある用地。もう1つは、近くに

住宅が密集する二枚橋焼却施設の跡地。いずれも地元住民にとっては寝耳に水で、議員や市民から総スカンを食らった。

　すると今度は、市民参加が必要と、2007年6月、新たに別の検討委員会を作った。2カ所の周辺住民8人を含む市民25人、学識者4人の計29人がメンバーに選ばれた。市は、国分寺市に「2008年6月までに候補地を決める」と確約していた。時間は1年3カ月しかなかった。

　検討会は「10年前からわかっていたのに、なぜ『非常事態』にまでなったのか」など、行政を厳しく追及する声が目立った。しかし、国分寺市の協力を得て、小金井市内に焼却施設を造らないと、ごみは行き場を失う。検討の時間も限られ、選択の余地は少なかったが、委員の多くに、その意識は希薄だった。

　市長が、検討委員会に諮問《しもん》した事項は、「市役所の検討会が候補にした2カ所のうちいずれかを選定する。他の候補地があれば検討する」というものだった。会議は、諮問した当の市長も出席して答弁するという異例の運営になった。

　2カ所の候補地から出ている委員は、周辺住民が絶対反対しているため、簡単に了解するわけにはいかない。また、委員のなかには、元議員や前の市長選に立候補した人物もいて、演説まがいの長々とした意見が述べられた。さらに、焼却しない処理技術を宣伝する人もいたりと、いつのまにか会議は本来の目的だった「候補地選び」から大きく外れ、どんな処理方法がいいのか、意見を述べ合う奇妙な会議になった。

平林聖委員長らは、「焼却に頼らない『非焼却』なら広い土地もいらない」と、炭化や亜臨《ありん》界水《かいすい》などによる新しいごみ処理方式を主張した。だが、この方式は、ごみの成分が一様でなく、処理が難しい家庭ごみでは実績がなかった。専門家が危険性を指摘するごみ処理施設に、環境省が交付金を出して援助してくれる可能性はほとんどなかった。

それに処理方法は国分寺市を無視して、決定することなどできない。会議は、処理方法を比べ合う議論の場と化し、膨大な時間が、ムダに費やされた。

「市民参加型会議」の手当てで、税金1000万円をムダ使い

国分寺市への回答期限の08年6月になっても決まらず、焦った市は、委員にアンケートをとった。候補地をいくつかあげてもらい、項目ごとに点数化し、いちばん得点の高い候補地を、委員会の結論にした。アンケートでは25人中15人が二枚橋に高い得点をつけ、これが答申となった。

こんなことなら1年3カ月の歳月を費やす必要はなかった。委員29人には1回につき1万円の手当てが支給され、36回の会議に、手当てだけでも約1000万円が使われた。

廃棄物処理に詳しく、市に頼まれて委員になった細見正明・東京農工大教授はこう振り返る。
「候補地を選定するという諮問内容を理解していないような委員は受けるべきではなかった。どうやったら焼却施設を造れるのかというポジティブな議論ができなかった」

しかし、その後も混乱は続く。

二枚橋を候補地に決めたことを受けて市が行った市民説明会で、平林元委員長が、非焼却を主張する抗議文を配布したり、他の自治体から飛び入り参加した住民が生ごみの堆肥化を主張したりし、国分寺市など、小金井市のごみを受け入れている他の市町を驚かせた。

一方、小金井市は2005年に家庭ごみの有料化と戸別収集を導入し、翌年から容器包装プラスチックの分別収集を開始した。市の資料によると、2006年度一人一日当たりのごみ量は754グラムと、優等生の並ぶ多摩地域の市町の中でもトップクラス。市は、2015年までに、さらに739グラムに減らす目標を掲げている。しかし、いくらごみ減量に力を入れても、処理施設は必ずいる。

二枚橋の建て替えに今度は府中市と調布市が反対

二枚橋での建て替えを決めた市に、難問が待っていた。

2008年7月、小金井市は二枚橋の跡地利用を調布市と府中市に申し入れした。跡地は両市にもまたがり、売却してもらうか、借りる必要があったからだ。

しかし調布市は、三鷹《みたか》市と調布市内に新しい焼却炉を造る準備を進めていた。市民から「市内に2つの焼却施設はいらない」と批判されることを恐れ、市議会は「他市の住民のための施設をなぜ市有地に造らないといけないのか」と反対した。府中市も、「調布市の意向に従う」と足並みを揃えた。両市の担当者は言う。「市同士で土地の売買などという例はほとんどないし、貸すとしても、調布市と府中市にまたがって焼却施設ができ、住民が嫌がる」

かつて「小金井市内にはごみ処理施設を造らせない」という決議を出した小金井市議会は、調布市と府中市の理解を得ないと二枚橋に建設できないことから、「新ごみ処理施設に関し、過去の反省と建設に向けて」という「お詫び決議」を出した。が、両市の姿勢を変えることはできなかった。

小金井市は、国分寺市と2009年2月までに建設場所を示すとの新たな約束をしていたが、それは守られず、同年3月、国分寺市は、小金井市と共同でごみ処理施設を造るとした覚書を白紙に戻した。ごみのゆくえを心配した都市長会が調整に乗り出し、国分寺市、八王子《はちおうじ》市などがごみを受け入れることになった。しばらくの間はしのげるが、建設計画はなかなか進まない。

「分別」と「リサイクル」に熱心になり、ごみ処理施設を設置する努力を怠ったツケは、市長をはじめとする職員や市議、市民に重くのしかかっている。

分別いらずのRDF(ごみ固形燃料)製造機の哀しき結末

三重県桑名市ほか

「ごみが燃料に生まれ変わる」というふれこみで注目

「夢のリサイクル」と言われ、一時期、自治体にもてはやされたのがRDF (Refuse Derived Fuel ごみ固形燃料)。生ごみやプラスチック容器などの家庭ごみに、熱を加えて固めたもので、それを燃料にして発電に使う。紙もプラスチックも生ごみも一緒に出せば、それが燃料に生まれ変わり、リサイクルされる。乾燥しており、クレヨン状の固形物なので持ち運びにも便利だ。

三重県では、桑名《くわな》市、伊賀《いが》市、紀北《きほく》町などの14市町がRDFを製造し、県で運営する桑名市の発電所で燃やしている。発電した電気は中部電力に売っている。

分別は適当ですむ上、有効活用でき、焼却施設というと必ず話題にのぼるダイオキシンもほとんど出ない、ごみ処理の模範生のような仕組みだった。

ところが、発電施設が稼動すると、爆発事故を起こすなどのトラブルが続出し、発電施設は赤字が続き、持ち込み料金を値上げしたい県と、それを阻止したい14市町とが激しい攻防を繰り広げた。「こんなはずじゃなかった」と県も市町も嘆いている。

ダイオキシン問題の救世主として、旧厚生省が推進

RDFが登場したのは、1990年代のこと。古くは欧米で、主にプラスチックと紙ごみを乾燥・圧縮させたものが造られていたが、その技術を導入した日本では、生ごみの処理に頭を痛める自治体に向けて造られた。家庭ごみに熱を加えて固めたもので、熱量は約4500キロカロリー。家庭ごみの2倍以上あり、発電に好都合だ。

「可燃ごみが燃料になって売れます」。そんなメーカーのセールストークを信用し、ごみ行政を担当していた旧厚生省が国庫補助金の対象としたのは、93年のことだった。厚生省は、ダイオキシン対策として進めていた「ごみ処理の広域化」による施設大型化の一翼を担えると考え、全国での整備を進めるよう県や市町村に呼びかけた。

興味を持ったのは三重県や大分県、石川県など。県内の市町村に働きかけ、RDFの製造施設が相次いで建設された。90年代の後半の話だが、それには次のような事情があった。

90年代後半、日本はダイオキシン汚染でパニックに陥っていた。埼玉県所沢市の「産廃銀座」による汚染問題、大阪府能勢《のせ》町の焼却炉による高濃度汚染——。住民は、ダイオキシン汚

染の元凶である焼却施設をやり玉にあげ、市町村の建て替え計画や新設計画に反対、担当者は住民を説得するのに苦労した。その点、ＲＤＦの製造施設は、暖めて乾燥させるだけで、燃やすわけではないから、煙突はない。「これなら住民は反対しない」（旧厚生省幹部）というわけだ。

厚生省が、効率の悪い小さな焼却施設を廃止し、いくつかの町がお金を出し合って大型の焼却施設を造る「広域化計画」を打ち出したことも、その動きに拍車をかけた。「小さな焼却施設には国の補助金を出さないが、ＲＤＦの製造施設なら小さい施設でも補助金を出すよ」と言って、ＲＤＦを優遇した。

ごみ焼却を極度に嫌う人たちがいる。いわゆる「脱焼却・脱埋め立て」を標榜する人たちだ。彼らの一部も「固形燃料」は焼却に替わるものとして肯定的な評価をした。

こうした追い風が吹くなか、三重県では当時の北川正恭知事（現早稲田大学教授）が先導して導入を進めた。

県内のほとんどの市町村をこの方式に切り替えようとし、自治体がＲＤＦの製造施設を設置し、県内をいくつかのエリアに分割して、各エリアにＲＤＦで発電する施設を設置するという壮大な計画をたてた。しかし、県庁所在地である津《つ》市や亀山《かめやま》市などには、すでにりっぱな焼却施設があったから、「はい、わかりました」とはならなかった。

当時、亀山市の担当者はこう言った。「何でも燃やせるガス化溶融炉を造ったばかりで、そんなもったいないことはできない」。それでも、財政力が乏しかったり、焼却施設の建て替えをめぐって住民から突き上げられたりしていた市町が、県の意向に従うことになった。

「夢のリサイクル」の大きな誤算

ところが、「夢のリサイクル」と実際の運用には大きなギャップがあった。県は計画が始まった95年当時、市町村に「RDFを燃料として買い取る」と説明していたが、間もなく「無料引き取り」に変わった。

当初、県は、RDFを買い取っても、売電したお金でペイできると考えていた。だが試算すると、かなり厳しいことがわかったからだ。1995年の「電気事業法」の改正で電力の自由化の波が一気に押し寄せたことが、県の目算を一気に崩したのだ。

改正前の電気事業法は、供給電気事業所に指定されると、必要な経費に事業報酬が加算された金額を電力会社と協議して決め、売電できることになっている。たとえば水力発電がそうだ。県は、RDFの発電でもこの制度を生かし、中部電力に高値で買い取ってもらえると踏んでいた。

ところが、電気事業法が改正され、電力会社の意向で価格が決まることになった。現在、中部電力への販売価格は、夏場の昼間でキロワット当たり12円91銭。夏以外の昼間が11円33銭。それ以外になると4円17銭と極端に安くなる。

焼却炉はいったん立ち上げたら、燃やし続けないと効率が悪くなる。たとえば昼間だけ発電するなんてことはできない。立ち上げるには大量の灯油を必要とし、不経済なことこのうえないからだ。電力会社が必要としない夜間も発電が続き、安く買い叩かれるというわけだ。皮算用がすっかり狂ってしまったのだ。三重県企業庁電気事業室は、「この価格では黒字にするのは極めて困難だ」と話す。

しかし、すでに製造施設を造ることは決まっていたから、後戻りはできなかった。県は、稼動する前に「赤字にならないようにしたい」と、かなり高額の持ち込み料金を設定しようとした。だが、市町がかみついた。「ただで引き取ってくれると約束していたじゃないか」。すったもんだの末、トン当たり３７９０円の持ち込み料金が決まった。

当時の県の担当者はこう振り返る。「ＲＤＦを受け入れ、発電すればするほど赤字になることは、操業を開始する時点からわかっていた」

悪いことは重なるものだ。２００２年秋、試運転が始まると、トラブルが発生した。持ち込まれたＲＤＦが発熱し、小爆発したのだ。小さな火事が起き、県と発電施設を動かしていた富士電機は、原因を探った。だが、「ＲＤＦが自然に発火するわけがない」と、原因を究明できないままにしていた。

そして最悪の事故が起きた。

２００3年夏、発電所のＲＤＦ貯蔵庫が爆発、爆風で屋根が吹き飛び、消火作業中の消防士2人が死亡する大惨事となった。ＲＤＦが発酵して熱を持ち、温度が上昇。一酸化炭素などの可燃性のガスが貯蔵庫に溜まって引火したことによると考えられている。

貯蔵庫はスプリンクラーや温度計もない欠陥施設だった。事故の前に、何回かトラブルや小爆発という兆候があったが、県や同施設を造った富士電機が原因究明を怠ったことが招いた結果ともいえる。しかし、２００億円を超える発電施設を抱える大型プロジェクトは容易に方向転換できず、ごみ処理施設を持たない市町も、ＲＤＦを続ける選択肢しかなかった。

そして市町に重い費用負担がのしかかった

２００4年、再開にこぎ着けたものの、県と市町は費用面で重い課題を抱えていた。県の誘導で参加した自治体は14市町（合併後）にのぼるが、もともとＲＤＦの製造施設は自治体ごとに造ったために、小規模で製造コストが高い。

発電施設を、県の最北端にある桑名市に造ったことも、小さな町の負担をより大きくした。三重県は南北に長い地形で、発電所と南端の町との距離は２００キロ近くある。

遠方からRDFを運ぶ輸送コストは、小規模自治体に大きな負担を強いる。2005年に紀《き》伊《い》長島《ながしま》町と海山《みやま》町が合併した紀北町の輸送費は、トン当たり5150円。持ち込み料金5584円と合わせて1万円以上になる。さらに南の御浜《みはま》町、熊野《くまの》市、紀宝《きほう》町になると、もっと高い。ある町の担当者はこう漏らす。「いまさら高いと言って後へは引けない。新しい焼却施設を造るお金なんかないから」

さらに、RDFの原料となる生ごみは、重油や軽油を使って乾燥させないといけない。石油の代替燃料を作るのに、それ以上の石油燃料を使わねばならないのだ。ある町の担当者はため息をついて言う。「ごみ焼却施設で発電に利用していた方が、はるかに安くて効率がよかった。でも財政難で、いまさら新たにごみ焼却施設を造るほどの余裕はない」。別の町の担当者も言う。「三重県にだまされた。こんなに税金がかかると知っていたら、うんと言わなかったのに」

しかも貯蔵庫はRDFを高く積み上げる構造で、この状態で長期間保管するとRDFが発熱して発火し、火事になる危険性があった。そんなRDFの性質も知らずに、国は推奨し、県や市町が進めた。

まさに運命共同体ともいえる県と市町。事故後は、発熱や発火時を想定した貯蔵施設などの整備や、安全対策などに、高額な費用がかかったこともあり、2006年時点で、02年12月の運転開始からの累積赤字は、すでに約11億円に達していた。

県は、市町の持ち込み量を値上げすることで赤字分を賄おうとした。しかし、市町は「県の誘導で進めてきた事業じゃないか」と値上げを拒否。05年から始まった交渉は、2年間持ち越された末、トン当たり5058円に値上げすることが決まった。それでも赤字は膨らむ一方で、毎年、交渉が続いた。

そして2008年11月に、一応の決着をみた。2009年度から5584円にし、その後も毎年料金を引き上げ、2016年までに9420円にし、その値上げ分で、発電施設の赤字の半分を埋め、残りの半分を県が負担する、となった。県電気事業室は、「2008年度から2016年度までに19億円の赤字が見込まれた。その後、発電施設は廃止しようとしていたが、市町の反対で、どうするかはこれから一緒に検討していくことになった」と説明する。

こうしたRDFによるごみ処理は、他に福岡県大牟田《おおむた》市、石川県能登《のと》町、広島県福山《ふくやま》市、茨城県鹿島《かしま》地区でも行われ、全国で計5カ所になる。持ち込み料金は三重県より高く設定されてはいるが、処理費は高く、三重県で起きた事故のあとは、新しくRDFを大々的に導入しようという地域はなくなった。

高いリサイクル率を達成、でも環境省はベスト5から除外

ところで、RDFという燃料を造り、発電に利用することは、資源利用の一つでもある。

ＲＤＦを製造している市町のリサイクル率を見ると、桑名市が60・8％、伊賀市が58・6％、大台町《おおだいちょう》が67・3％、大紀町《たいきちょう》が61・7％、東員町《とういんちょう》が63・3％と軒並み高い。他の県を見ても福山市が39・5％など、国の平均19・6％（06年度）に比べて驚くほど高い。

三重県の環境森林部は「紙もプラスチックも生ごみも資源になるから、リサイクル率が高くなるのは当たり前」という。この数字は環境省に報告され、全国の自治体のリサイクル率の平均値を出すのに使われている。

しかし、環境省が公表するリサイクル率の高い自治体ベスト5からは、なぜか外されている。三重県が「なぜ除外するのか」と尋ねたところ、環境省の担当者は「住民が熱心に分別した結果が出たのが基本。ＲＤＦは違う」と答えたという。ＲＤＦは分別の手間がかからない、とメリットを国が強調していた時期もあった。

環境省廃棄物対策課は、「ＲＤＦやセメント化をこの中に含めると、大半がこの2種類の手法になってしまう。住民が分別に協力して行う堆肥《たいひ》化など、他のリサイクルをしている自治体も入れたかった」と、除外した理由を語る。

だが、住民が分別した努力の差で、リサイクルとみなされたり、みなされなかったりするなんて、おかしくないか。

とはいえ、せっかくＲＤＦを製造しながら、その主要な原料である容器包装プラスチックをわざわざ分別し、取り除いている自治体もある。

桑名市は、県の発電施設が事故で停止したあと、可燃ごみを名古屋市の焼却施設に引き受けてもらおうとした。ところが、名古屋市から「うちはプラスチックを別に集めてリサイクルに使っている」と〈可燃ごみ〉に入れて出すことを拒否され、容器包装プラスチックを分別、民間の処理業者に委託した。そして発電施設が復旧したあとも、「分別をもとに戻すと住民を混乱させる」と、分別を続けている。

しかし、RDFは一定のカロリーがないと、燃料として品質が悪くなる。分別しなくても、資源としてリサイクルできるのが〝売り〟。それを採用しながら、他方で、多額のお金をかけてプラスチックを分別することが市民のためになるのか、疑問の残るところだ。

広大な埋め立て処分場に頼り続ける町

神戸市

すべて埋め立てOKで、ごみが一向に減らず

神戸市の中心街から西へ車で20分走ると、広大な荒れ地と林が広がる。ここがごみの埋め立て処分場のある布施畑《ふせはた》環境センターだ。見渡すと、手前には処分場があり、埋め立てが行われ、林の向こうに埋め立て前の林が広がる。市の職員は胸を張って言った。「他の自治体は、処分場を確保するのに大変だが、神戸市ではそんなことはありません」

総面積157ヘクタール。2350万立方メートルのごみを埋めることができ、1972年に埋め立てが始まった。年間3万立方メートル埋めている。以前は、工場から出た産業廃棄物まで受け入れていた。「将来的に相当の余裕はあるが、大切に使いたい」と市の担当者は言う。大量の震災ごみが出た際は、いったんここに持ち込んだが、掘り起こして焼却し、ごみの量を減らしたこともある。

埋め立て現場からは、甘酸っぱい臭いがただよってくる。生ごみなどの有機物がついた容器

包装プラスチック特有の臭いだ。

容器包装といってもいろいろなものがある。スーパーでもらうレジ袋、マヨネーズやヨーグルトの容器、納豆のたれが入った小さな袋などが持ち込まれてくる。市は、こうした容器包装プラスチックは〈可燃ごみ〉にして燃やし、それ以外のバケツ、カセットテープ、ビデオテープ、CD、歯ブラシ、カップ、おもちゃなどの製品プラスチックは〈不燃ごみ〉に分類しているが、市民は容器包装プラスチックも、それ以外の製品プラスチックも、不燃ごみに分別しがちだ。

神戸市には焼却工場が5つある。その一つ、埋め立て処分場の近く、同じ西区にある市環境局西クリーンセンターは、一日に600トンのごみを燃やすことができる。1995年に完成した新しい部類の焼却工場だ。プラスチックは、全部ここで燃やしてしまったらどうなのか。そんな疑問に、センターの担当者は「プラスチックを増やして温度が上がりすぎて炉を傷めるのが心配だ」と話した。95年にスタートしたときには、850度を想定して造られていた。その後、改修して1000度まで耐えられる構造にしたと言う。

しかし、この問題に詳しい田中勝・鳥取環境大学教授（廃棄物工学）は、「プラスチックが燃やせないような焼却炉はなくなっているはずなんだが」と首をひねる。ある市の焼却工場で働く技術者も疑問をぶつける。「プラスチックを燃やしても問題がないことぐらいみんな知っている。でも、ごみの質が変わると、管理や操作の方法も変えなきゃいけないから面倒なんだ」

神戸市は、つい最近まで〈可燃ごみ〉と〈その他〉の2分別だった。燃やすごみ以外のごみのことを〈粗ごみ〉と呼び、空き缶もプラスチックもごちゃまぜで捨てられていた。その後、ペットボトルなど〈資源ごみ〉の分別も始まり、やっと6分別になったが、2分別時代の風潮は、なお残っている。

2006年度の一人一日当たりに出すごみ量は、1478グラム。次第に減ってはいるが、政令指定都市の中で、大阪市に次いで2番目に多い。

なぜこうなのか。市の担当者が説明する。「市が巨大な埋め立て処分場を造ったので、何でも埋めればいいとなった。だから、ごみ減量の意識が、市にも市民にも希薄なのです」

ダイオキシン問題の後遺症で、「焼却は悪」が浸透

三重県津市を見てみよう。津市は、容器包装プラスチックはリサイクルに回し、それ以外のプラスチックごみは埋め立てている。

埋め立て処分場はどんな状況なのだろう。

白銀環境清掃センターにいくと、やはり甘酸っぱい臭いがした。分別を怠った市民は、他の

プラスチックごみと一緒に容器包装プラスチックも〈不燃ごみ〉として出している。夕方近くになると、容器に残った生ごみを狙ってカラスが近くに舞い降りる。

その処分場の向こうに、クリーム色と白色の焼却施設、西部クリーンセンターが見える。一日に240トンのごみを燃やす能力があり、発電施設も備えた最新鋭の工場だ。ダイオキシン対策でも国の基準を楽々クリアしている。ところが、この最新鋭の工場でプラスチックを燃やすことができないのだという。

市の話を聞いて驚いた。焼却工場を建て替えるまでは、プラスチックは〈可燃ごみ〉として燃やしていたが、ダイオキシン対策をとるために建て替えてから、禁止したというのである。しかし、全国の焼却施設を見ると、プラスチックを燃やしても、ダイオキシンの量は国の基準の数分の一から数千分の一と、問題のないレベルになっている。

せっかく新しくしながら、市が燃やすのをやめたのは、住民から、建て替えを認める条件として、焼却の禁止を求められ、それを丸呑みしたからだった。

自治会の幹部は言う。「なぜって、ダイオキシンが出ないか不安があった。プラスチックを燃やすとダイオキシンが出ると聞いた。住民が心配しているのでやめてもらった」

処分場の余裕がなくなると新しい処分場を探す悪循環

住民の素朴な不安に対し、市もきちんと説明し、説得しようとしなかった。プラスチックを燃やして排出されるダイオキシンの量では危険性はほとんどないことを、きちんと住民に説明し、理解してもらえば、問題なかったはずだ。しかし市は、「迷惑施設を造って住民に迷惑をかけているのだから」と、その場を切り抜けることを優先した。問題の先送りである。

こんな選択をしたため、複雑な思いにかられている住民がいる。

津市は、2006年1月に久居《ひさい》市、白山《はくさん》町などの市町と合併したが、それぞれ独自のごみ分別とごみ処理をしていた。白山町では、合併前までは、プラスチックごみは〈可燃ごみ〉として、別の焼却施設で燃やしていた。それが合併で〈不燃ごみ〉に変更された。その分、埋め立て量が増え、埋め立て処分場の余裕はなくなる。

そこに、市からこんな話が舞い込んだ。旧白山町に、新しい埋め立て処分場を造りたいというのである。予定地の近くに住む主婦は怒って言う。「燃やしても問題のなかったプラスチックを正当な理由もなく不燃ごみに変更し、あげくの果ては、処分場が厳しくなったから、新しく造りたいというのは理屈が通らない」

「分別を徹底してごみを減らしましょう」などと呼びかけても、こんな矛盾したことをやっていては、住民は納得しないだろう。

共同で処理施設を造ろうとしたが破談に

鎌倉市、逗子市

焼却施設の場所を押しつけ合った両市

神奈川県の鎌倉《かまくら》市と逗子《ずし》市が、家庭ごみを一緒に処理しようと話し合いを始めた。しかし、住民からもっとも嫌われる焼却施設をどちらが引き受けるかをめぐって、エゴをむき出しにし、結局、この「婚約」は破談となった。隣の横須賀《よこすか》市、三浦《みうら》市、葉山《はやま》町のグループではせっかく共同処理が決まりながら、葉山町が脱退した。自治体同士、なぜ、もっと仲良くできないのだろうか。

両市の計画は、1990年代後半にさかのぼる。当時、ごみ行政を所管していた厚生省は、市町村がいくつかまとまって大型の焼却炉を造れば、きちんとしたダイオキシン対策ができると考えて、「ごみ処理の広域化計画」を作るよう都道府県に通達を出した。神奈川県が作った広域化計画の一つが、三浦半島の鎌倉市、逗子市、横須賀市、三浦市、葉山町による共同処理だった。

これを受けた4市1町は、ごみ処理施設を各々分担して造ろうとした。基本構想の素案には、〈不燃ごみ〉と〈粗大ごみ〉の選別施設を鎌倉市に、焼却施設を横須賀市と逗子市に、最終処分場を三浦市に、生ごみ資源化施設を横須賀市と鎌倉市に造ることが示されたが、4市1町すべてが納得したわけではなかった。

ごみ処理施設は、周辺住民にとっては迷惑施設。「必要なのはわかるけど、自分の裏庭（＝In My Back-Yard）ではやらないで（＝Not）」という「ニンビー（NIMBY）問題」が必ず浮上する。特に焼却施設と埋め立て処分場が嫌われやすい。

4市1町の協議で、分担には合意したものの、ごみの集め方や、立地の問題、お金の負担割合をどうするか、など、具体的につめる作業に入ると、一向に進まない。さらに予定地と目されていた地域の住民から「ごみを遠くまで運ばなければならない」「大気汚染など問題が1カ所に集中する」などの反対が起きた。また、一時、横浜市と川崎市を除く県内のごみをすべて民間の施設で処理するという話まで持ち上がり、協議は暗礁に乗り上げてしまった。

結局、2000年に市長たちが一緒にやろうと覚書を交わしてから6年目の2005年、4市1町は、横須賀市、三浦市、葉山町と、鎌倉市、逗子市の2つのグループに分かれ、別々の道を歩むことになった。

新たなパートナーになった鎌倉市と逗子市。鎌倉市は剪定枝《せんてい》のリサイクルに熱心で、環境省の統計によると、2006年度のリサイクル率は50%。逗子市も26%と全国平均を大きく上回る。「ごみの世界」では優等生だ。可燃ごみの3〜4割を占める生ごみを資源化して、さらに焼却ごみを減らそうと、2006年、両市は「生ごみを資源化処理するための施設と燃やすごみを処理するための施設の計画を早期に策定するもの」とする覚書を交わし、協議会を設置して協議を始めた。

この覚書は「(4市1町の)基本構想(素案)中間報告の考え方や検討経過を踏まえ、広域処理について協議をする」という前置きがあるものの、どの施設をどこに造るかは明記していなかった。

鎌倉市は4市1町の時に作られた素案をもとに、鎌倉市に「生ごみ資源化施設」を造ろうと考えた。市内に2つの焼却施設があるが、老朽化が進み、逗子市と一緒に造らないなら、自前で建て替えなければならない。ところが、1カ所は地元の住民と「新しい焼却施設は造らない」とする協定を結んでおり、建て替えは不可能。もう1カ所も用地買収ができなかった。そこで「鎌倉市には焼却施設を造る場所がない」と、逗子市に焼却施設の設置を求めた。

これにおさまらないのが逗子市。4市1町の協議の時から、迷惑施設として住民の抵抗を受けそうな焼却施設を引き受けることに難色を示していた。「17万人の鎌倉市民のごみを、なぜ、6万人の逗子市が引き受けないといけないのか。逗子市民の理解を得るのは難しい」(市職員)

というわけだ。

可燃ごみの3～4割を占める生ごみを資源化すれば、焼却量が減り、施設の規模を縮小できるメリットがあるにしても、嫌われ者の焼却施設の立地は難しい。議論は平行線をたどった。

生ごみの資源化施設も住民に嫌われた

では、もう一つの生ごみの方はというと、実はこちらも候補地選びで苦戦を強いられたのだった。生ごみの資源化と一口に言っても、堆肥化などさまざまな方法があるが、両市が選んだのは、家庭から生ごみを集めて発酵させ、そこから発生したメタンガスで発電する「バイオガス化」だった。

鎌倉市は初め、大町にある焼却施設の一部とその隣接地を予定していた。ところが、近くの「名越切通《なごえきりどおし》」が世界遺産登録の候補地でそれが障害になった。世界遺産が登録される条件の一つに高さ制限があって、メタン発酵のタンクが制限を超えてしまうからだ。

鎌倉市が次に選んだ「関谷《せきや》」は、もともと市の処分場があった所だった。跡地では植木など剪定枝のチップ化が行われているが、周辺農家から「臭いがする」と苦情が寄せられていた。たとえ資源化でも、生ごみが運ばれてくる周辺住民にとっては「迷惑施設」に違いない。住民からは「なぜ、またここに」という声があがり、2万人を超す反対署名が市に提出された。

さらに、関谷は横浜市との市境にあり、逗子市から生ごみを運ぶには鎌倉市内を横断しなければならない。当然、逗子市から遠くなり、運搬費が跳ね上がる。逗子市にとっても容認できる条件ではなかった。鎌倉市は2008年、関谷での建設を断念すると、鎌倉市単独で造ることにした。そして、下水汚泥と生ごみを一緒に処理する方式を採用、下水処理している山崎浄化センターの敷地内を候補地に決めた。

事実上、覚書はなしも同然だった。逗子市では、2009年2月議会で市長が「生ごみの資源化を進めて、既存炉の大規模改修により、10年を超える延命化を行う」と発言、それぞれが独自に、処理を行う方向性が固まった。

力関係でいうと、鎌倉市の方が強い。人口で3倍もある市が、焼却施設を隣の市に押しつけようとしたところに、そもそも無理があったように思われる。一方の逗子市も、態度をはっきりさせず、結論を引きのばした。お互いが妥協し、調整をしないと、広域化はうまくいかない。

「ゼロ・ウェイスト」掲げ、共同処理を拒否した葉山町

もう一つのグループの横須賀市と三浦市、葉山町。2006年から3市町で作る協議会で話し合いを始め、翌年には生ごみのバイオガス施設と焼却施設は横須賀市、埋め立て処分場は三浦市、不燃ごみの選別施設は葉山町が引き受けることで合意した。

この計画で画期的だったのが、生ごみのバイオガス施設計画。横須賀市は以前から単独でバイオガス化に取り組み、実験プラントを設置し、可能性を探ってきた。計画では、可燃ごみを収集し、機械で生ごみなどの有機物とそうでないごみを選別し、有機物をバイオガスプラントで発酵させ、発生したメタンガスで発電する。残ったごみは、焼却炉で燃やし発電に使う。2017年の稼動を目標にした。機械選別は、生ごみだけを分別する手間と収集費用の削減に役立つ。ドイツでは、この方式の施設が急速に増え、ごみ処理の主流になりつつある。

ところが、2008年5月、葉山町がこの計画から抜けた。その年の1月、町長が替わり、「ゼロ・ウェイスト」を掲げる新町長が、バイオガス化は国内で実績がないことなどを理由に、共同処理に異議を唱えたからだ。町は、徳島県上勝町をお手本に、生ごみ処理機を各家庭に普及させたりして、「ごみゼロ」を目指すという。

困ったのは横須賀市と三浦市。結局、横須賀市が不燃ごみの選別施設を引き受けることにし、2009年3月、両市のごみ処理広域化基本計画を作ったが、3市町がこれまでに多額の費用と手間を要しており、怒りはおさまらない。同年1月、両市は葉山町に1億4700万円の損害賠償を求める訴訟を、横浜地方裁判所に起こした。

もちろん、葉山町には町独自の判断があっていい。それが住民自治だ。しかし、葉山町が「ごみゼロ」を目指すといっても、現在、群馬県の産廃処分場にごみを持ち込み、埋め立てている状況がある。どんなにリサイクルを進めても、残ったごみはどこかで燃やし、埋めなければならない。「婚約」を解消する選択がよかったのかどうか、疑問の残るところだ。

第三章　リサイクルにかかるムダ金の、これが実態

「官製談合」で日本一高いごみ収集費用

東京23区

08年から突如、リサイクルに目覚めた大都市

東京23区は、分別とリサイクルに不熱心な都市だ。全国どんな小さな町や村でも、たとえばペットボトルは、自宅の玄関先か、歩いて数分のごみ集積所に持っていくと、市町村や収集業者が回収してくれる。ところが、23区では、大半の区で、少し前まで、区民がスーパーやコンビニまで持っていき、回収箱に戻すしかなかった。区民は億劫になり、リサイクルに回されるペットボトルは少なかった。2006年度の23区のリサイクル率は、たった16・3％。全国平均より3ポイント以上、下回る。そんな23区が、2008年になって、突然、リサイクルに目覚めた。

びん、缶、ペットボトルなどの資源ごみを分別し、それぞれ収集してリサイクルに回せば、リサイクル率は高くなる。いまのご時世、環境意識が高いと言われれば、区も区民も鼻が高い。しかし、23区の収集費用は、ほかと比べてバカ高く、区民が知らないところで、ムダに税金が

使われ、そのツケが区民の肩にずっしりのしかかっている。

収集費用が高くなるカラクリ

多くの市町村では、家庭ごみの収集は、市町村の職員が行うか、民間業者に委託してやってもらうか、いずれかの方法をとっている。しかし23区では、ごみ収集車や運転手を民間の収集業者から借り、その車に区の職員が乗り込んで、ごみを収集する仕組みになっている（図表6）。

しかも、各区が競争入札して収集業者を決めるわけではない。23区が一括してごみ収集業者52社で作る「東京都環境衛生事業協同組合」と契約し、組合が業者を割り当てている。料金は、23区と組合が協議して決めるが、東

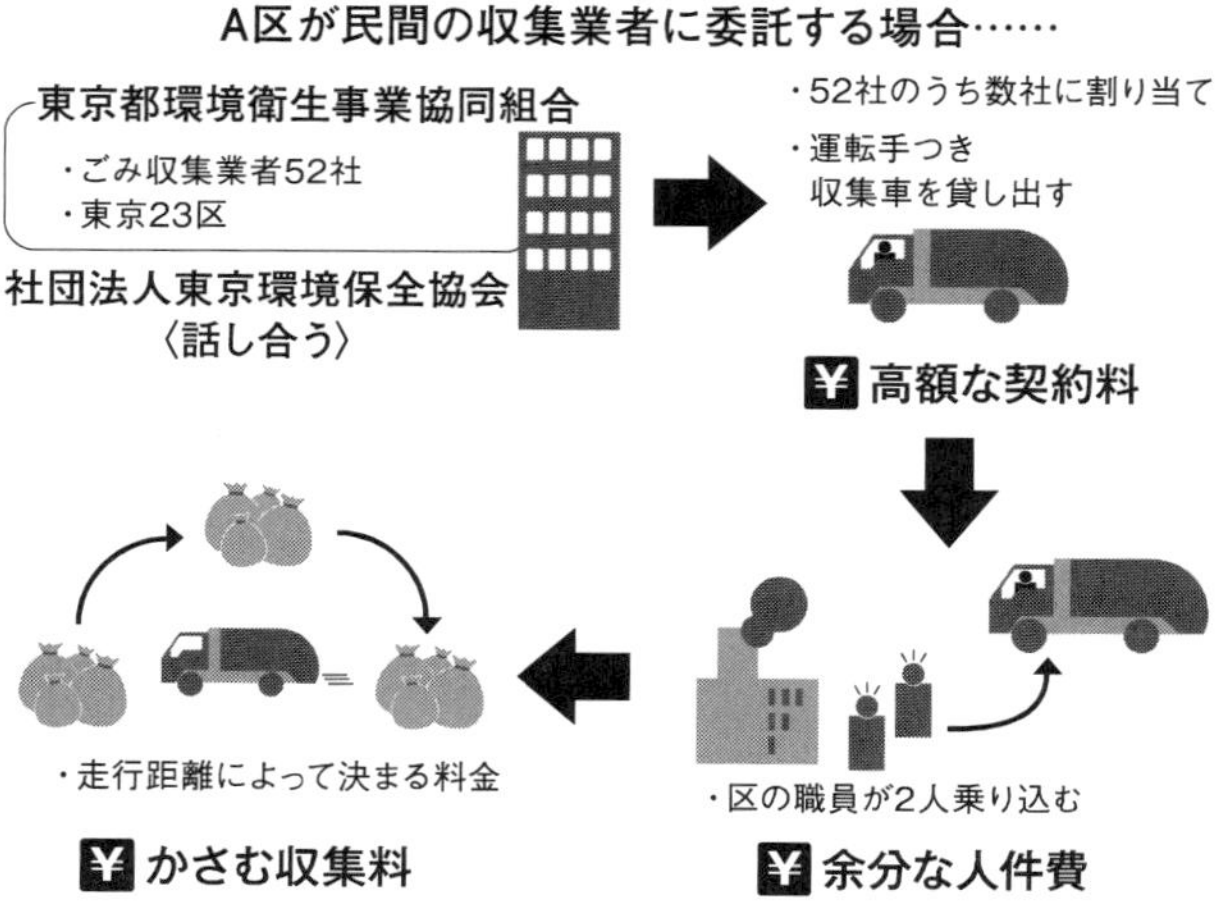

図表6　東京23区ごみ収集費が高くなるしくみ

京都のOBが専務理事として天下った「社団法人東京環境保全協会」もそれに関与し、業者がはじいたコストに利潤を加え、料金設定されている。

たとえば、ごみ収集車を運転手つきで依頼すると、一日につき約4万1000円から約5万4000円まで、走行距離によってランクわけした料金表に従って割り振られる。「官製談合」と言われても仕方のない仕組みだ。

港区では、一日に10～15トン程度しか出ないプラスチックごみだけの収集のために、一日18台のごみ収集車を、12社から運転手つきで借り上げた。半年間だけで1億8000万円払う契約を交わした。この契約は、車を運転手つきで一日借りるといくら払うという契約ではない。ごみ収集車が何キロ走るかで、一日の値段が決まっているのだ。プラスチックを持ち込む足立《あだち》区の工場まで15キロはあり、何回も往復すると高くなる。タクシーのような「運賃制」をとっているような例は、東京以外に聞かない。

容器包装プラスチックの収集も、この52社以外と契約してはいけないことが、23区の区長会で決められた。一般的に、業務委託は、市町村が入札し、いちばん安いお金で収集してくれる業者に決めるのがふつうだ。ところが東京23区の場合は、1999年まで、「東京都」が「区」に替わって収集業務をしていた時代からの慣例として、23区内にある52の収集業者に委託し続けている。そうして、23区と52社で作る東京都環境衛生事業協同組合が契約し、他の市町村が委託するより、3〜5割高い金額で契約しているのだ。

一般入札に反対する既存の収集52社

実は、資源ごみの収集方法を検討していた23区の担当職員の会議では、現状の収集の仕方を変えようという動きがあった。このような決め方をしていると、収集に巨額の税金を使わざるを得なくなるためだ。いったんは、各区が一般競争入札で委託先を決めるよう変更することを決めた。

ところが、区の幹部らによると、これに事業協同組合と52社が反対し、さらに政治家も絡み、これまで通りの方式を続けることになったという。港区の清掃リサイクル課は、「競争入札すれば大幅に安くなるに違いないが、23区全体で決まったことだから、守らないわけにはいかない」とあきらめ顔だ。ある区が52社以外の収集業者に見積もりをさせたところ、52社より3割安くなった。担当の職員は「競争入札に変えたら4〜5割下がるのに」と残念がる。

それだけではない。収集のときには、区の職員が2人乗り込み、1台に3人搭乗しているのだ。

一般的に、容器包装プラスチックの入ったごみ袋は、生ごみや紙くずの入った家庭ごみに比べてはるかに軽く負担にならないため、「空気のように軽いごみ袋は1人で十分」（名古屋市）

ということで、ごみ収集車には1人が乗り込み、作業をしている。

ところが23区では、労働組合が強いため、家庭ごみの収集のときと同様、2人で収集することが決まった。そもそもごみ収集車に3人乗車している市町村はきわめて少ない。横浜市では「運転手も遊んでいないで、ごみ集積所に着いたら積み込み作業をすればいい」（幹部）と、2人体制に変更されている。

行政と収集業者、団体、労働組合とが癒着し、税金を湯水のようにムダ使いするお決まりの構造が、リサイクルの世界にも広がっている。しかし一向にメスは入らず、区民は多額の税金を背負わされている。

「リサイクル貧乏」と嘆く自治体のあきれた政策

名古屋市

「リサイクル貧乏」ということばが、都合よく一人歩き

ごみを資源として再利用しようという発想は、けっこうなことだ。ごみの山から資源を選り分ければ、〈燃えるごみ〉として焼却施設に持っていくごみや、〈燃えないごみ〉として埋め立て処分場に持っていくごみは、確実に減る。

だから、埋め立て処分場の立地に困っている市町村は、ごみを減らすために一生懸命リサイクルに励むことになった。でも、それにはお金がいる。リサイクルをがんばればがんばるほど、多額の税金を使う。そこでこんなことばを名古屋市が編み出した。「リサイクル貧乏」——。

市の担当者はこう説明する。

「実は、名古屋はちょっと前まで、ごみを減らしてリサイクルしようなんて考えはなかった。それが、埋め立て処分場ができなくなって、何とかしないといけない、と180度考えが変わった。ところが、リサイクルを始めると、すごくお金がかかることがわかった。このままでは

貧乏になってしまうと」

容器包装リサイクル法を改正するために開かれた国の審議会で、名古屋市はこんなことを主張した。

「自治体は、ペットボトルやプラスチック容器を集めるのに多額の税金を使っている。容器を販売している食品メーカーやスーパーなどの事業者が責任を持って集めて、リサイクルすべきだ」

名古屋市のごみ（燃えるごみ＋燃えないごみ）の処理にかかるお金は、キロ当たり63円。それに比べて、ペットボトルは115円、容器包装プラスチックは62円、紙容器は75円、空き缶が115円など、資源全体で75円（図表7）。「ごみ」なら、一緒くたにして持っていけるし、あとは燃やすか埋めるかだけだから、安くつく。それに比べて「資源」は、別々に運んでさらに分ける経費が余計にかかるのだ。

ごみ処理費が急増した背景とは

名古屋市の主張に他の多くの地方自治体も同調した。しかし、事

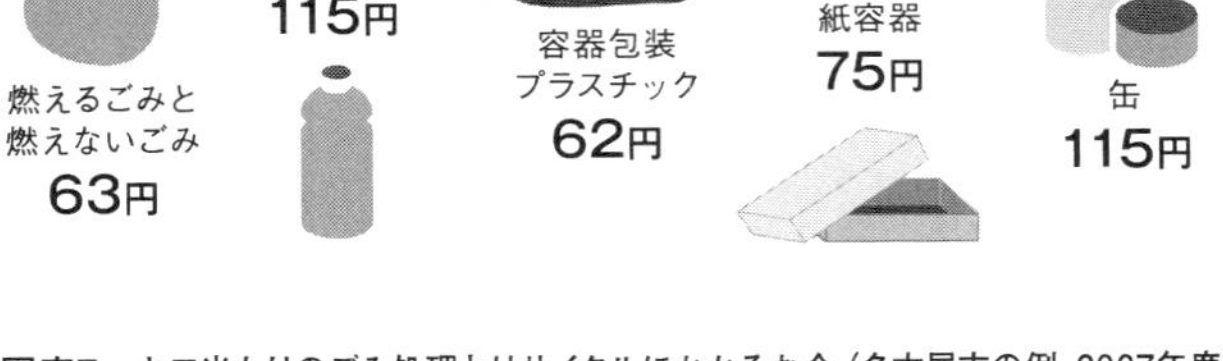

図表7　キロ当たりのごみ処理とリサイクルにかかるお金（名古屋市の例 2007年度）
（出所：名古屋市ホームページ）

業者側は猛反発した。「リサイクルにいくらかかっているのか、地方自治体はコスト計算していない。まず計算して公開すべきだ。ムダが多いのではないか」。ある事業者は言う。「名古屋市はリサイクル貧乏なんて言ってるが、ムダ使いしている」

地方自治体は、ごみとリサイクルにどれだけのお金を使っているのだろうか。名古屋市で見てみよう。名古屋市は、かかったお金やごみの量をホームページで公表しているから、その点は評価していい。

ごみ量は、2007年度が107万トン。そのうち、燃やしたり埋めたりするごみが68万トン。残りの39万トンは紙、容器包装プラスチック、缶、びんなどの資源。これらは、市が集めて業者に渡し、新しい製品に生まれ変わる。いわゆるリサイクル製品だ。

ごみの処理量は1998年の100万トンから2007年度の68万トンまで減ったのに、資源のリサイクルにかかる費用は、1998年度の16億円から、2007年度に62億円に増えた。リサイクルとごみ処理の総費用は439億円(1998年度)から425億円(2007年度)と、ほとんど変わっていない。

名古屋市は、最初、ごみが減ったらかかるお金も少なくてすむと思っていた節がある。ところが、やってみたら逆に増えた。2000年には、ごみ処理とリサイクルの費用が、475億円と過去最高になった。市議会や市民から批判され、慌ててコストの削減に取り組み始めた。

しかし、多くの自治体は、コスト削減の努力よりも耳触りのいい「リサイクル貧乏」ということばに影響を受けた。リサイクルをがんばると費用がかさむ。そこで財政難を理由に、リサイクルに二の足を踏む市町村が、やらない理由としてこのことばを好んで使うようになった。

藤前干潟をごみで埋め立てようとした市長

かつて名古屋市は、名古屋港の奥部に残る最後の干潟、藤前《ふじまえ》干潟をごみの埋め立て処分場にしようとしたことがあった。

当時は、家庭から出たごみが増えるにまかせていたため、100万トンを超えた。何でも燃やして、残った焼却灰と不燃ごみは埋めればいい。そんな雰囲気だった。名古屋市はすでに岐阜県多治見《たじみ》市内に埋め立て処分場を確保していたが、このままでは遠からず満杯になってしまう。しかも、山の中に新たな埋め立て処分場を造るのは、名古屋市内では不可能だ。

そこで新たな処分場を海に求めた。

湾奥《わんおう》部一帯には藤前干潟が広がり、野鳥の楽園だった。秋になると、シギやチドリがシベリアからやってきて、越冬のためにオーストラリアへ向かう。春になるとまたきて、北へ飛び立っていく。渡り鳥にとってなくてはならない、「燃料補給基地」だった。

ところが、名古屋市は平気で、この土地をごみで埋め立てようとした。これに反対したのが、藤前干潟の保護運動をしてきた辻淳夫さんだった。「ごみが増え続けているから、干潟をごみで埋めてしまえというのはとんでもないことだ。それなら、ごみを減らせばいいじゃないか」

しかし、名古屋市は聞く耳を持たなかった。それに敏感に反応したのが、環境庁（現・環境省）の真鍋賢二大臣だった。真鍋大臣は、「ごみで干潟を埋めてしまうというのは納得できない」と、部下に検討を指示。1998年暮れ、「埋め立てると生態系が破壊される」と、埋め立てに反対する見解書を松原武久市長に送りつけた。

驚いた松原市長は、地元の政治家に伴われ、大臣室に真鍋大臣を訪ねて、埋め立て容認を求めた。「埋め立てないと名古屋市はごみであふれてしまいます」。帰り際、真鍋大臣は市長にこう皮肉った。「こんど来るときは一人で来てください」。政治家に圧力を加えてくれることを期待しての市長の行動に、不快感をあらわにしたのだ。

松原市長は自身の著書で、自分で決断し、干潟を守ったかのように書いている。でもそれは事実ではない。松原市長は、市の東京事務所にごみ問題の担当者を置いて、国会議員回りを命じ、打開しようとしたが、埋め立てに賛成する議員は皆無に近かった。

孤立した名古屋市は、1999年1月に埋め立てを断念、2月にごみ非常事態宣言を出した。そんなことから、ごみ対策に本腰を入れざるを得なくなった、というのが真相だ。

真鍋さんは振り返って言う。

「自分で訴えたかったら、一人で来ればいい。政治的な圧力を加えようとするような人間に負けるわけにはいかなかった。でも藤前干潟が守られて本当によかった。名古屋市もその後、考えを改めたようだし」

バランス欠いたリサイクル施策

こうして名古屋市は、リサイクルを進め、埋め立て量を減らす方針に転換した。びん、缶の回収を全市で始め、2000年夏から、政令指定都市で初めて容器包装プラスチックの分別収集を実施した。さらに、事業系一般廃棄物の全量有料化、市民と行政、事業者の協議による行動計画作りなどに乗り出した。

いま名古屋はリサイクル先進都市と言われるが、いくつも問題点がある。

一つは、リサイクルに多額の費用がかかることだ。

容器包装の収集・運搬は、いまだに市の公社が独占し、市から出向した職員と市のOBが収集・運搬に携わる。民間に開放しないから、いきおい費用が高くなる。

その容器が持ち込まれているのが、市が契約した容器包装の選別・保管施設を持つ名古屋プラスチック・ハンドリング株式会社。全国でも最大級、年間6万トンのプラスチック容器包装を処理する能力を持つ最新鋭の施設だが、同社の幹部が顔を曇らせて言う。「こんな大きな施設はいらなかった。適正規模なら大幅にコストを下げられるのに」

実は、名古屋市が容器包装プラスチックの収集・保管を始める際に、6万トン以上処理できるという条件を出したため、これだけの施設になった。だが実際に名古屋市から持ち込まれる量は、半分の3万トン強。当初は一日16時間運転を想定していたが、プラスチックが集まらず、一日7時間の稼動でしかない。コストは高くなるはずだ。

では、他の市町村からプラスチックを集めたらどうか。

しかし名古屋市は、この施設が他の町からプラスチックを受け入れないことを、施設設置の条件にしているようだ。住民の反対を恐れ、市外からの資源の受け入れに慎重なのだ。これでは、コストが高くなっても当然だ。

民間施設の周辺住民の理解を得て、近隣の市町村の資源ごみを受け入れることでコストを下げる。こうした柔軟な対応を考えてもいい。

プラスチックごみのリサイクル費用に涙

東京都港区、神奈川県小田原市、千葉県柏市

プラスチックごみを資源とした「港区モデル」とは

定住人口は19万人だが、昼間はその4倍を超す約90万人に増えるオフィス都市・港区が、2008年秋から、すべてのプラスチックごみを資源として回収、リサイクルを始めた。あらゆる商品に使われ、種類も多いプラスチックの分別・処理は、どの自治体も頭を悩ませている問題だ。現在は、「プラマーク」のついた容器包装プラスチックだけ、資源として集めてリサイクルに回している自治体が多い。しかし港区は、すべてのプラスチックごみをリサイクルに回すことにした。

区が集めた資源袋を開けると、マヨネーズのチューブ、たれの入った袋、インスタントラーメンの袋など、容器包装プラスチックが見える。ごみ袋には、それ以外に、CD、カセットテープ、歯ブラシ、ボールペン、コップといった製品プラスチックが混じっている。

区に委託された選別・保管業者は、大田《おおた》区の桜商会と、足立区にある要興業《かなめ》。それぞれの工

場に、ごみ収集車が集めたごみ袋が持ち込まれる。

それからの作業が大変だ。同じプラスチックなのに、容器包装プラスチックと、そうでない製品プラスチックに分別するのだ。一度に集めたものをわざわざ2つに分けるのは、容器包装プラスチックは、容器包装リサイクル法で、飲料メーカーなど容器包装プラスチックを使った商品を販売している事業者が、お金を出してリサイクルすることになっているからだ。

集められたプラスチックごみは、機械で袋を破り、中身を取り出す。ベルトコンベヤーに流し、人海戦術で選り分ける（図表8）。

桜商会で圧縮してサイコロ状のベールにした容器包装プラスチックは、千葉県君津《きみつ》市の

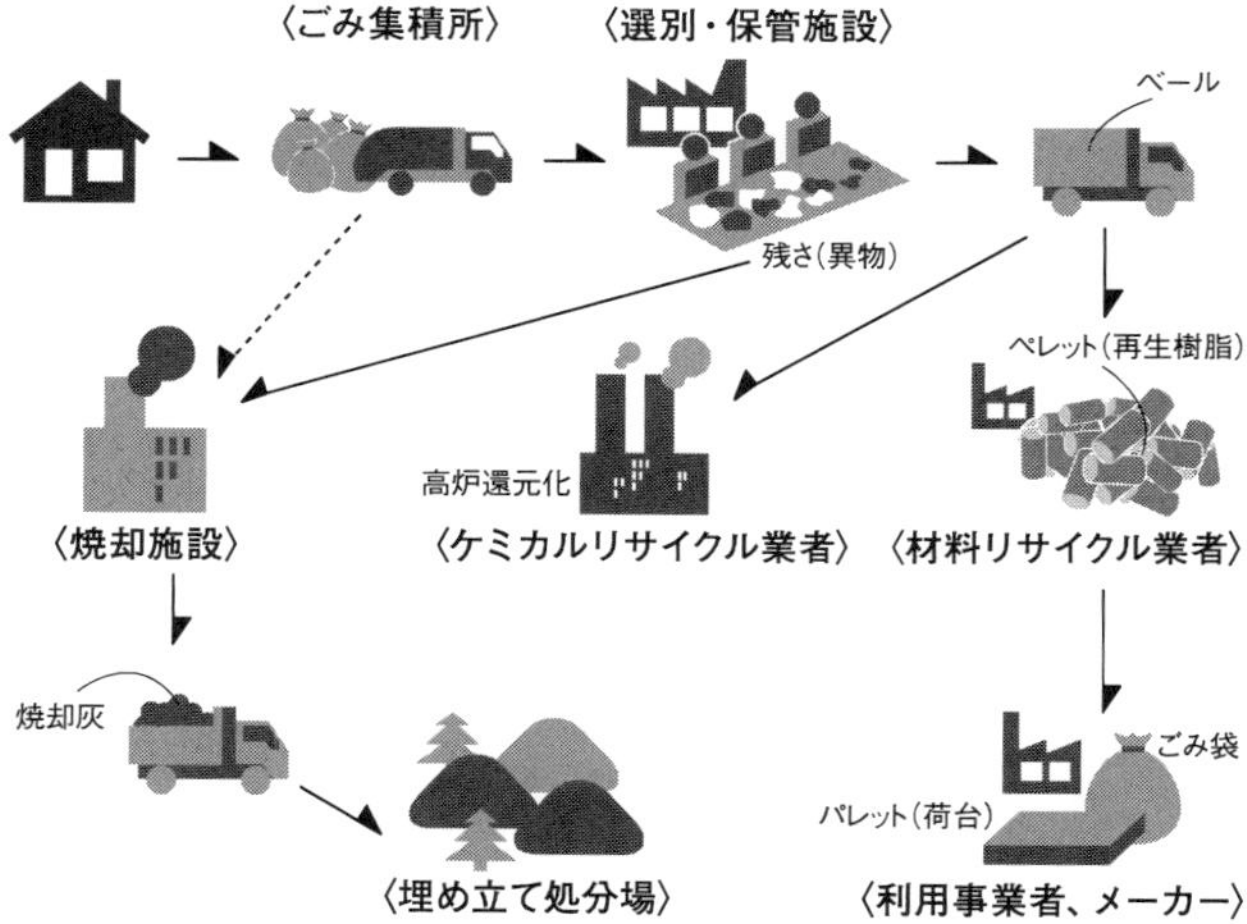

図表8 家庭から出る容器包装プラスチックごみのゆくえ

新日鐵《しんにってつ》へ持ち込まれ、高炉の還元剤として使われる。残りの製品プラスチックは、川崎《かわさき》市の昭《しょう》和電工《わでんこう》の工場で、ガス化し、アンモニアの原料になる。

足立区の要興業は、容器包装プラスチックを仙台市にある新港リサイクルの工場へ。ここでは、細かく砕いてペレットなどにし、パレットなどを作る。残りの製品プラスチックは、川崎市の昭和電工へ。たった19万人の町から、４つのルートで運ばれているのだ。その量は、年間約４０００トンを見込む。

容器包装プラスチックは、工場での保管までは区が責任を持つが、そこから先のリサイクルの費用は事業者が負担し、区の負担はない。ところが、製品プラスチックは、区が独自に昭和電工と契約し、トン当たり5万円払って処理してもらっている。

区のプラスチックのリサイクルにかかる予算は、２００９年度で約8億２０００万円。内訳はごみの集積所からの収集に4億円。選別・保管の費用が、約3億４５００万円、昭和電工のリサイクル費用が５３００万円などだ。

収集するプラスチックごみのうち2割が容器包装以外の製品プラスチックだが、１トン当たりのコストは20万５０００円になる。

ものすごく高いリサイクル手法

では、この費用が高いのかどうか。他の都市と比べてみよう。

コストをかけすぎと言われる名古屋市は、容器包装プラスチックを、年間約3万トン集めている。その収集と選別・保管にかかる費用は、トン当たり6万円。費用を減らす努力をしているとはいえ、まだまだムダが多いと、議会でもしょっちゅう指摘されている。ところが港区をトン当たりでみると、なんと名古屋市の3倍以上のコストをかけているのだ。

この計画を見た名古屋市の幹部はため息をつく。「よその区とはいえ、お金がかかりすぎだ。名古屋市ではぜったいにできない」

実は、名古屋市も、容器包装プラスチックだけでなく、製品プラスチックもリサイクルできないかと検討していた。いろいろな手法を比べ、いくらお金がかかるのか試算した。港区のように容器包装プラスチックと、それ以外の製品プラスチックを一緒にして集め、選別・保管施設で分け直したら、それだけで年間最大17億〜19億円余計にかかることがわかった。

市幹部は、「製品プラスチックはせいぜい6000トン。本当は、市民が容器包装プラスチックと、それ以外の製品プラスチックを分別してくれれば、あとで分け直さないですむのでもっと安くつく。でも細かく分別したら、市民が迷惑がるからやれない」と言う。

港区は、桜商会と要興業に払うプラスチックの処理料金を、トン当たり約7万円で契約している。世間の相場では2万〜4万円だから、ずいぶん高いことになる。区は「分別にお金がかかる。コストを下げるために、港区がプラスチックの選別・保管施設を建設することを検討している」と話す。しかし、これで本当にコストを下げられるのか疑問だ。

小田原市はリサイクルで年間約6000万円

各市町村に浸透してきた容器包装プラスチックのリサイクルだが、市町村の職員は、住民からよくこんなことを聞かれると言う。「容器包装プラスチックは分別するのに、その他のプラスチックごみは、燃やしたり、埋めたりしている。同じプラスチックなのに」

港区とほぼ同じ規模の19万人を擁する神奈川県小田原市《おだわら》は、かなり前から港区と同じように、プラスチックをすべてリサイクルに回している。

市のごみ分別が180度変わったのは、1997年のこと。ごみの分別を〈可燃〉〈不燃〉〈古紙〉の3種類から、〈プラスチックごみ〉〈ペットボトル〉など9種類に増やした。こうした「ごみの大分別改革」と称した試みは、約7万6000トンあった〈可燃ごみ〉を、たった1年で3割削減させ、リサイクル率は2倍の24%に跳ね上がった。

この改革で、プラスチックごみも〈可燃ごみ〉から〈資源ごみ〉に変身した。ビデオテープ、カセットテープなどはいったん〈不燃ごみ〉として集め、容器包装プラスチックと一緒に民間のリサイクル業者に委託、資源化していた。

その3年後、容器包装リサイクル法が完全施行されたのに伴い、市は、容器包装プラスチックは容リ法のルートで処理するようになった。それ以外の製品プラスチックは、燃やすわけにはいかないと、民間業者への委託を続けた。現在は、ビデオテープと、テープ以外の台所用品などのプラスチックを分けて集め、民間業者で溶融処理したり、RDF（ごみ固形燃料。81ページ参照）に加工したりしている。

リサイクルの委託単価は、テープ類がトン当たり6万9300円、その他の製品プラスチックはトン当たり4万4000〜5万円。ずっと横ばいと言うが、年間で計6000万円ほど。これ以外に〈不燃ごみ〉から製品プラスチックを取り出す費用もかかる。しかし、いったん「リサイクルする」と宣言すれば、「ごみ」に戻すわけにはいかないのだ。

千葉県柏市も全プラスチックをリサイクルに回したが…

千葉県柏《かしわ》市も、プラスチックごみをすべてリサイクルに回している。

市は、1991年に焼却炉を新設したとき、埋め立てていたプラスチックを〈可燃ごみ〉に分別変更し、燃やしはじめた。ところが、ごみが増え、やがて焼却施設の能力を上回ってしまった。何とかしないといけないと、1995年に〈資源プラスチック〉として分別収集を始めた。長野県まで運んで、擬木《ぎぼく》などの原料にしたり、固めて固形燃料に加工したりしていた。

2001年になると、〈資源プラスチック〉の中から、選別・保管施設で、〈容器包装プラスチック〉と〈それ以外のプラスチック〉に分け、容器包装プラスチックは、容リ法に従い、事業者に引き渡すことになった。しかし市民の分け方は相変わらず〈資源プラスチック〉の1種類。選別・保管施設で選別するところは、港区と一緒だ。このプラスチックの処理費用に、年間6200万円かかる。

コスト高に頭を痛めた市は2005年、市民に、容器包装プラスチックだけ分けて出してもらうことに変更した。そのため、集めたプラスチックを原料にした「再生ごみ袋」を使うことにした。「再生ごみ袋」を使えば、自分の出したプラスチックが何に使われているか、市民に関心を持ってもらえ、分別もきちんとやってくれるのではないかと考えたからだ。

この「再生ごみ袋」は、プラスチックごみから造った再生原料が40％を占め、「エコマーク」に認定された。しかし、せっかくの試みも、ごみ袋の製造業者が1社しかなく、コストが高くつき、市は2008年、市販の指定ごみ袋に切り替えることになった。

リサイクルは、なるほど有益なことかもしれない。しかし、いったん始めると、簡単にはやめられない。流行に流されず、そのリサイクルに回すことでお金がいくらかかるのか、本当にリサイクルがされているのか、リサイクルに回せばどれだけ環境がよくなるのか、といったことを、じっくり検討してからでも遅くはない。

分別競争の裏で激化するごみ処理負担金問題

福井県敦賀市

全国からごみを持ち込まれた敦賀市の戸惑い

家庭ごみを燃やしたあとに残る焼却灰や不燃ごみを埋める埋め立て処分場は、通常、数ヘクタールから数十ヘクタールの広さがあり、森や林を切り開いて造ることが多い。埋めたごみに含まれる有害物質が地下水を汚染しないように、シートを敷いているが、環境を汚染する可能性はゼロではない。焼却灰や不燃ごみを満載したトラックが付近を出入りし、周辺住民にとって迷惑な施設もある。

ところで、処分場を持たない市町村は、環境省の統計によると全国で343あり（2006年度時点）、全市町村の約2割を占める。そこで焼却灰などは、民間の埋め立て処分場で処分してもらっている。こうした市町村から家庭ごみが大量に持ち込まれたのが、福井県敦賀《つるが》市だった。

敦賀市は、日本海側に面した人口約6万人の港町だ。民間事業者のキンキクリーンセンター株式会社（本社・敦賀市）が同市に造った処分場に、県が許可した13倍の119万立方メートルの焼却灰などのごみが埋められ、しかも、その3割が全国63（当時。2009年6月現在60）の市町村と一部事務組合から運ばれた家庭ごみだったという。

処分場は、敦賀市の市街地から車で約20分、緩い斜面を登った高台にある。すでに覆土され、その上に雑草が生い茂っているため、処分場とはわからない。

キンキクリーンセンターが処分場を設置し、埋め立てを開始したのは1987年。同社は処分場の埋め立てが終わったあとも無許可で増設を繰り返し、福井県が搬入停止を指導する2000年までごみの受け入れが続いた。明らかな違法処分だが、それを知った福井県は強い指導をせず、敦賀市も、住民が悪臭や搬入車の多さを訴えるのを聞いても、適切な対応をとらなかった。

県の調査の結果、廃棄物に含まれる有害物質が川や地下水を汚染していたことがわかったが、キンキクリーンセンターはすでに倒産したため、県が汚水の処理装置を設置するなど緊急対策をとった。さらに2007年、環境省は、恒久対策のために補助することを決め、08年から県と市が、処分場を囲い込み、汚染の拡大を防ぐための工事をしている。

問題は、この費用を誰が払うかだ。不法投棄されたごみを県などが撤去するとき、国が出す補助金は産業廃棄物には使えても、市町村が持ち込んだ家庭ごみには使えない仕組みになっている。

そこで、環境省と県、市は、恒久対策の費用を、総額102億円とし、産業廃棄物分の約82億円は、国と県で、一般廃棄物分の約20億円は市で、それぞれ負担することに決めた。その上で、市はごみを持ち込んだ63団体に、3分の2に相当する約14億円の負担を求めることにした。

「処理代払え」に、ごみを持ち込んだ市町村が反発

ところが、「お金を払ってくれ」と言われた市町村の多くは反発した。

というのは、処分場に焼却灰を搬入する前に、敦賀市と協議し、敦賀市から承諾を得ていたからだ。家庭から出たごみを処理する責任は市町村にあるが、その市町村の中で処理できず、町から持ち出して処理する場合には、受け入れ先の市町村と協議し、承諾を得ることが、廃棄物処理法で決められている。

キンキクリーンセンターに持ち込む際、63団体の多くは、協議してから持ち込んでいた。岐阜県のある町の職員は、「敦賀市が埋め立てを認めたのに、いまごろになって、『不適正とわかったから処理費用を出せ』と言うのは……」と戸惑いを隠せない。

これに対し、敦賀市の担当者は「処分場を指導するのは県。敦賀市が不適正処理していたかどうか、当時、知るよしもなかった」と反論する。

ただ、処分場に排水処理装置をつけた応急措置のときに、市は18府県の一部事務組合を含む63団体を回って説明。要請された63団体は、その費用の一部を負担した経緯がある。

そのときも、費用約2億6000万円のうち、約4300万円を敦賀市の負担とはじき出した上、4300万円の3分の2の、2800万円はごみを搬入した63団体に負担してもらうことにした。敦賀市にごみを搬入する際、協議せず、違法に搬入していた28団体は50％増しとして計算し、結局、54団体が計2300万円払った。

今回は、もう一回、奉加帳《ほうがちょう》を回した形だが、63団体が払ってくれないと、敦賀市が全額をかぶることになる。市の幹部は、「20億円は、2006年に造った敦賀市の埋め立て処分場の建設費に匹敵する額だ」と心配する。

福井県と旧厚生省のずさんな対応に原因

こんなことになった背景には、福井県のずさんな対応があった。立ち入り検査のときに、許可量以上にごみの埋め立て施設が拡張されていることを確認しながら、適切な指導をせず、処分場の更新許可を続けていた。地元住民の通報で、敦賀市が、県に「あとどれだけごみが埋め立てられるのか」と照会したこともあったが、明快な回答はなかった。

当時、ごみ政策を担当していた旧厚生省も、1999年、県から不適正処理の実態について相談を受けていた。ところが、「産廃の持ち込みを禁止して業者が倒産してしまったらまずい。行政指導で対応するべきだ」と、事実上、業者の不適正処理を容認した。それを真《ま》に受け、県は強い態度をとることはなかった。

旧厚生省が、突然、強い態度をとるよう方針を転換、県に伝えたのは、国会でこの問題が質問され、新聞やテレビで全国的な話題になってからである。それまでの間、業者はますますごみを受け入れ続け、傷口を広げることになった。分別よりも大事な処理をめぐる費用の攻防が、市町村同士で繰り広げられている。

ごみ処理を受け入れ財政を潤す町もある

東京都日の出町

ごみがセメントになる巨大なプラントを所持

東京都の西のはずれにある日の出町《ひので》（人口約1万6000人）は、1983年にロナルド・レーガン大統領が来日したとき、時の中曽根康弘首相が自分の別荘である「日の出山荘」に招待したことでも知られる。他の小さな町が厳しい財政に直面し、合併の憂き目にあったりしているのに比べ、子どもの医療費を全額無料にするなど、やけに景気がいい。

その秘密はごみにある。前述の福井県敦賀市が全国の家庭ごみが流入して、大変な税負担に苦しんでいる一方で、日の出町は、町の外から入ってくるごみで、大いに潤っているのだ。

山林に囲まれた中に、赤茶けた地肌を見せた巨大な山が見える。それが、二ツ塚《ふたづか》廃棄物広域処分場だ。八王子市、立川《たちかわ》市など多摩地域の26市町からきた家庭ごみを埋め立てている。

そのふもとには、白色の巨大なプラントがある。セメント工場にある土管を巨大にしたような焼成炉が、ゆっくりと回っている。ここでは、各市町のごみ焼却施設から持ち込まれた焼却灰を原料にして、セメントを作っているのだ。ごみがセメントに生まれ変わるから「エコセメント」と呼ばれる。

いずれも26市町で作る「東京たま広域資源循環組合」が運営しており、約400万人分のごみの最終地点がここだ。処分場は、1998年から供用が開始された。面積は59ヘクタール、埋め立て容量は約250万立方メートルにのぼる。その前には45ヘクタールの処分場があったが、都民のごみですでに埋まってしまっている。

エコセメントのプラントは、06年7月に本格稼動した。それまでは焼却灰80％、不燃ごみ20％の割合で埋め立てられていたが、処分場を延命するため、プラントを建設した。焼却灰を埋めなくてもよくなったことで、埋め立て量は、不燃ごみ一日30トンに激減し、処分場の寿命は、当初想定していた16年から30年以上に延びた。

100億円以上のお金が町に転がり込んだ

日の出町は資源循環組合には参加せず、西多摩地域のあきる野市、檜原《ひのはら》村と別の組合を作り、ごみ処理をしている。日の出町が26市町のごみを受け入れる理由は、財源の確保だ。

1980年代、組合は、最初の処分場を造るにあたって、町に受け入れてもらうため、地域振興事業費として町にお金を支払うことになった。年間1億円でスタートしたが、町が値上げを要求して4億円になり、98年度には6億円にアップした。そして町が温泉を造るという名目で3億円、さらに「1億円をよこせ」と言われて払い、町道の整備にも3億円を払った。町が要求するたびに、トラブルを恐れる組合が黙って差し出す。そんな構図ができた。

なかでも関係者を驚かせたのは、1999年度の組合の予算から支払われた3億円だった。2000年1月、組合の事務局長が、青木國太郎町長に呼びつけられた。役場に駆けつけると、「スポーツと文化の森の整備として総合文化体育会館を建てたい。そのための用地買収と造成費として3億円が必要だ」と切り出した。事務局長は断ることができず、その場で口約束した。そして多摩地域の全市長から了解をとりつけると、お金を払った。

組合には、市町村と同じように議会がある。市町の議員の代表で構成され、そこで承認されないと執行できない。だが、議会で追及されるのを恐れた事務局は、2月議会が終わったあとになって町から申請させる形をとり、ごまかした。

このお金は、結局、用地費に利用されなかった。というのは、この用地は自然環境上、貴重で、文化体育会館を造る根拠もあやふやで、東京都の開発許可担当者が、「こんなずさんな計画は認められない」と差し戻したからだ。

宙に浮いたお金は、いったん町の基金に入り、別の用途に使われることになった。この経緯を町議会で追及された青木町長は、「処分組合から申し出があったから」と言った。ある町会議員は、「予算が足りないので組合に出させようと考えたのだろうが、ごみを人質にとるようなやり方は健全とは言えない」と批判する。

コストの面から、26市町のごみ減量の動機にも

どうして組合は町に頭が上がらないのか。

日の出町では、いつの間にか処分場が「打ち出の小槌」になり、毎年、組合が出す補助金は7億円。町の一般予算の約1割を占める。それ以外にも、組合の事務局長をちょっと呼びつければ、億単位の金を得ることができる。それを揶揄し、住民たちは、町役場を「ごみ御殿《ごてん》」と呼ぶ。

処分場がいっぱいになると、組合は町にお金を出さないから町は困る。組合も、3つ目の処分場を日の出町に造ることは難しいと感じていた。そこで、処分場の敷地内でエコセメント事業を始めることにしたのだが、町はこの事業についてもなお、「迷惑料」を要求し続けることになる。

エコセメント化施設で、町は、22年間の固定資産税相当分として、06年は6億円、07年度は5億円、計11億円を組合に要求し、お金を手にした。地方公共団体が設置者の場合は、課税されないにもかかわらず、である。払われたお金は「迷惑料」以外のなにものでもない。

一方、ごみを持ち込む市町にとって、町は、処分場やエコセメントのプラントの操業を守ってくれる「守護神」のような存在でもある。

実は90年代の初め、最初の処分場から汚水が漏れ、地下水を汚染した恐れがあると、一部の市民団体が指摘し、裁判に発展、全国の処分場反対運動のシンボル的な存在になったことがあった。「処分場に持ち込まれた焼却灰が飛散し、それに含まれたダイオキシンで、がんになり、死亡した住民が多い」などと指摘する市民団体まで現れ、町は騒然となった。町は、こうした市民団体に反論、組合と一緒になって安全性を訴えた。お金はもらうが、その分、処分場は守ってみせる——。紛争に手を焼く組合にとって、町は心強い仲間だったのかもしれない。

とはいえ、処分場が地元にないことから、ごみ減量やリサイクルの姿勢が希薄だった26市町も、こうしたことがあってから一変した。日の出町にお世話になってはいるが、いつまでもこの関係を続けたくないというわけだ。組合は、処分場に持ち込むごみを減らすために、各市町に年間の持ち込み量を割り当て、オーバーする場合は、ペナルティを払わせた。ごみ処理費とともに、日の出町への負担金も払っている市町は、ごみ減量に取り組むことになった。有効なのは、指定ごみ袋の有料化と、プラスチックの分別・リサイクルだ。それに取り組んだ結果、多摩地域のリサイクル率は、全国平均の2倍近い、約30%に達している。

第四章　分別界の問題児、プラスチックを考える

分別が徹底できていないと悲惨なことに

静岡県沼津市

リサイクル先進市が〝引き取り拒否〟にあった

伊豆半島の温暖な気候で育むミカンやお茶の産地としても知られる静岡県沼津市は、「ごみの世界」でも有名な存在だ。1970年代、日本で初めて本格的にごみ分別とリサイクルを手がけた自治体で、「沼津方式」と呼ばれたそのやり方は、自治体のお手本となった。「混ぜればごみ、分ければ資源」という有名な標語が生まれた場所でもある。市町村の職員や大学の教員らによる「沼津詣で」で、市は大いににぎわった。

そんな〝リサイクル先進市〟で、市民が出したプラスチックごみが、リサイクル業者から引き取りを拒否されるという恥ずかしい事態が起きた。

容器包装リサイクル法で、地方自治体は容器包装プラスチックを集め、「財団法人日本容器包装リサイクル協会」に渡し、リサイクルしてもらっている。しかし、生ごみや金属、紙など他のごみが容器包装プラスチックに混ざっていると、リサイクルできない。容リ協会がチェックし、「リサイクルできない」と判断した場合は、引き取らない。リサイクルのトップを走ってきたはずの沼津市が、２００８年、その「引き取り拒否」にあった。

容リ法では、ペットボトルや容器包装プラスチックに限り、集めた市町村が保管施設に持ち込んだあと、圧縮し、ベールと呼ばれる1メートル四方のサイコロ状にして、リサイクル業者に引き渡す。

容器包装プラスチックは、なかに空気が入りかさばるため、運送費が高くつく。そこで機械で圧縮し、体積を数十分の1にする。1メートル四方のベールは、1個が３００キログラム前後の重さになる。

ベールを見ると、いろいろな容器包装プラスチックが混じり、付着した生ごみで変色したり、汁が漏れたりしているのがよくわかる。その臭気対策のため、ベールの周囲をプラスチックのフィルムで包んで、臭いが出ないようにすることもある。保管施設を見学すると、埋め立て処分場と同様、甘酸っぱい臭いが場内に漂うが、これは容器包装プラスチック特有の臭いだ。

容リ協会は、異物や汚れたものが多いとリサイクルできないことから、ベールを検査している。純粋の容器包装プラスチックの割合が、90％以上だとAランク、85〜90％未満はBランク、85％未満はDランクという3段階になっている。

２００９年時点で、約９４０の市区町村が容器包装プラスチックを分別収集しているが、０

6年度は全体の20％、07年度は13％がDランクになった。Dランクが2回続くと、引き取りを断られる仕組みだ。Dランクのレッテルがついた市町村は、住民に分別の徹底をお願いしたり、選別・保管施設で人を増やしたりして、Dランクから外れようとする。せっかく高い税金をかけて集めたのに、引き取りを拒否されてしまったら、あとはごみにするしかなく、税金がムダになってしまうからだ。

沼津市は、2007年3月に77％、再検査の8月も82％と、「D判定」だった。11月に、容リ協会から「08年4月以降の契約を結ばない」と通告された。08年4月に市は独自で三重県の産廃業者と契約し、固形燃料を造ってもらうことになった。

産廃業者への委託は、トン当たり3万5000円し、収集、保管と合わせると、容器包装プラスチックはトン当たり10万円以上のお金がかかるだろう。

突然のプラスチックの分別に市民が混乱

沼津市が、プラスチックごみとペットボトルの分別を始めたのは1999年で、全国的にみても早い。当時、ペットボトルは、容リ法でリサイクルが義務づけられていたが、容器包装プラスチックについては、2000年度からスタートすることになっていた。だが、沼津市は先取りする形で、三重県と埼玉県の民間のリサイクル業者に処理を委託した。

そんなことになったのは、同じプラスチックなのに、ボトルや袋などの容器包装プラスチックはリサイクルし、バケツや歯ブラシなどのプラスチック製品は法律の対象外とされ、市民からも疑問の声が出ていたからである。

しかし、やってみるとお金がべらぼうにかかる。そこで、2003年、容器包装プラスチックは分別回収して、容リ法のもとで、リサイクル業者にただでリサイクルしてもらうことにし、それ以外のプラスチック製品は、〈埋め立てごみ〉に区分を変更し、皮革製品や小型家電などと一緒に、クリーンセンターで破砕した後、三重県のごみ処理業者に委託することにした。

しかし市民はこれに戸惑いを見せた。プラスチックごみを一括して集めていたのが、その後、容器包装プラスチックとその他に分けたことが、混乱を招くことになった。

容リ法の運用が始まったころは、容リ協会の審査も甘く、全国的にそれほど問題視されることはなかった。だが、年を追うごとに審査は厳しさを増している。同法に参加する市町村が増え、収集された容器包装プラスチックの量も増えた。事業者の払うお金も、2007年度に400億円を超えると、事業者からは「リサイクルするに足るものか、きちんとチェックすべきだ」との不満が噴き出した。

それまで問題視されなかった沼津市だが、2007年の立ち入り調査で、Dランクに。市は、分別の徹底を市民に呼びかけたりしたが、その後も改善されなかった。

市の担当者は「軽くすすいでも汚れが落ちない容器包装プラスチックは、燃やすごみに出すよう説明していたが、あくまでも個人の判断なので、ひどい地域もあったようだ。もっと前の段階で解決していれば、引き取り拒否のような事態には至らなかった。危機意識が薄かった」と反省する。

「破袋機」もなく、選別は市民まかせ

実は、沼津市には、他の市町村が保管施設に備えている、ごみ袋を破って中身を取り出すための「破袋機」がなかった。どの自治体でも、収集した容器包装プラスチックが入ったごみ袋は、保管施設に集められ、まず破袋機に入る。そこで袋を破り、ベルトコンベヤーに流して、異物や汚れた容器包装プラスチックを人海戦術で取り除く。

ところが、沼津市には破袋機がなく、「目に付いた袋だけカッターで破って異物を取り除く程度。市民の分別に頼っている状態だった」と市の担当者は言う。年1回、市が独自調査していたが、いつも合格ラインすれすれだったという。その後、審査が厳しくなり、引き取り拒否という事態を招いたというわけだ。

協会から通告を受けた市に衝撃が走った。

市は、自治会ごとに市民向けの説明会を実施したり、単身世帯などに戸別訪問をしたり、分

別が徹底していないごみ集積所に立ち会ったり、警告シールをごみ袋に貼ったりして啓発した。そして08年3月には、クリーンセンターに破袋機を設置した。それ以降は、適正な容器包装プラスチックの割合が、安定的に90%以上を維持できるようになったという。

市の最大の痛手は処理費用の増加だ。せっかく市民が分別した容器包装プラスチックごみを、燃やすわけにはいかないと、市は、半年間、引き取り拒否された容器包装プラスチックを産廃業者に委託したが、そのお金は5000万円にのぼった。

全国に先駆けて分別を実行した模範的だったはずの沼津市は、いまも3100カ所を超える集積所に、自治会から数人が順番で当番に立ち、分別に熱心に取り組んでいる。そんな市と市民の「協働」がうまくいき、長らく「分別のお手本」とされた「自信」が、いつのまにか「過信」になっていたことから、今回の引き取り拒否という失態が起きたのだろう。

プラスチックごみの選別に不可欠な機械すら導入せずに、市民ががんばれば、何とかなると考えた市は、あまりに甘かったといえる。

プラスチックの選別・保管施設の確保に右往左往

東京23区

分別収集しても、選別・保管施設がないと意味がない

リサイクルの遅れている東京23区。2005年にプラスチックごみを〈不燃ごみ〉から〈可燃ごみ〉に分別の区分を変更したことを契機に、3年後の2008年春から2009年春にかけて12の区が容器包装プラスチックを分別し、リサイクルに回し始めた。

杉並区は、2008年4月にスタートした。3月まで、容器包装プラスチックは〈不燃ごみ〉として、杉並中継所に運び、コンテナに詰め替えて、東京湾にある都の埋め立て処分場に運んで埋めていたのだ。山田宏区長は言う。

「かつて東京ごみ戦争を経験し、さらに、杉並中継所の施設の周辺住民が健康被害を訴える問題が噴出した。『ごみが減ればこの中継所はいらないのに』と思った。そのためには、〈不燃ごみ〉になっているプラスチックごみをリサイクルに回すしかないと思った」

区長がとった施策は、レジ袋の有料化による削減と、容リ法に沿った容器包装プラスチック

のリサイクルを進めることだった。

そこで職員らが頭を痛めたのが、選別・保管施設の確保と予算の大幅増だった。モデル地域のときの新日鐵東京製造所（板橋区）から委託先を2カ所に広げたが、予算は、モデル地区での収集と選別・保管に計2億円かかっており（2006年度）、全区に拡大すると、単純計算で10億円以上になる。区の幹部は「まずは、区民に説明会などを重ね、スムーズに移行することが先決だった。コストの圧縮は今後の課題だ」と話す。

中野区は、2003年度にモデル地区制度を導入し、08年秋に全面実施した。区民生活部の職員は、「モデル収集のときに、選別・保管業者と関係を深めたことで、本格実施に際して慌てて受け入れ先を探さずにすんだ」と語る。

同じく分別収集を始めた葛飾区も、2007年度からモデル収集を始め、2008年度に本格実施した。幹部は「23区の中では千葉県に近いことから、千葉県市川《いちかわ》市の施設まで運んでも、運搬費はそれほどかからないことがわかったから」と語る。

中野区と新宿区の持ち込み先は、足立区にあるリサイクル業のトベ商事。中野区がモデル収集しているときから処理を請け負ってもらってきたから、両区は優先的に持ち込み先を確保することができた。戸部昇社長は「08年度からは両区の分だけで施設の能力の大半を占めてしまう。新たに施設を作ろうとしても規制があって難しい」と話す。

モデル収集をしていた区や、いち早く委託契約を取りつけた区は、スムーズにリサイクルの流れに乗ることができた。2009年5月現在、12区が分別している。しかし、取り組みが遅れていた区は、バスに乗り遅れた。

東京で容器プラの扱いがバラバラな理由

都内最大83万人の人口を擁する世田谷区《せたがや》もバスに乗り遅れた区の一つだ。区の幹部は「やらないのではなく、やれないのだ」と強調する。「区が選別・保管施設を作ろうとしても、区内の大半は住宅地で不可能。23区内の民間業者を回ったが、受け入れ先は見つからなかった。受け入れ可能な千葉県の施設は、運搬費が高くつき無理と判断したのです」

この問題を検討した区の審議会は、2006年12月にこの問題で結論を出しているが、リサイクルしない理由をこう語っている。

「容器包装廃棄物の取り扱いについては、第一に生産者である事業者による発生抑制が重要であると考える。それでもなお発生するものについては、区民・事業者のそれぞれが主体的に再生利用の取り組みを進めることが重要であり、行政による分別収集を安易に拡大することは、回収にかかる経費や、排出者責任の空洞化につながる恐れがあると考える」

事業者が全部収集し、引き取ってくれるまでは、区は何もすべきではないと言うのだ。

もともと23区のプラスチックごみは、〈不燃ごみ〉扱いされてきたが、東京湾にある埋め立て処分場の延命のため、都は2004年に、プラスチックごみを「埋め立て不適物」に変更、受け入れないことを決めた。ところが、23区の動きは鈍く、困った都から相談を受けた環境省は05年5月、廃棄物処理法の基本方針に、プラスチックごみは発生抑制やマテリアルリサイクルを優先し、それでも残ったものは埋め立てず、焼却して発電に利用することを明記し、全国の自治体に通知した。

これを受け、同年10月、区長会はプラスチックごみを〈可燃ごみ〉に変更し、焼却工場で燃やすことを正式に決めた。

この方針作りでは、区長会に諮《はか》る前に、事務レベルでも協議を重ねた。

プラスチックごみの大半を占める容器包装プラスチックの扱いも議論した。しかし、「分別してリサイクルに回すべき」（中野区）、「焼却処分でいい」（足立区）と一致せず、各区で判断して決めることになった（図表9）。

プラスチックごみは燃やしても問題ないが「絶対反対」の市民も

23区の、プラスチックごみの〈不燃ごみ〉から〈可燃ごみ〉への変更は、全国の流れから見れば、ごく自然だった。

	容器包装プラスチック	その他、製品プラスチックなど
千代田区	分別収集・リサイクル	焼却
中央区	分別収集・リサイクル	焼却
港区	分別収集・リサイクル	
新宿区	分別収集・リサイクル	焼却
文京区	焼　却	
台東区	焼　却	
墨田区	焼　却	
江東区	分別収集・リサイクル	焼却
品川区	分別収集・リサイクル	焼却
目黒区	分別収集・リサイクル	焼却
大田区	焼　却	
世田谷区	焼　却	
渋谷区	焼　却	
中野区	分別収集・リサイクル	焼却
杉並区	分別収集・リサイクル	焼却
豊島区	焼　却	
北区	焼　却	
荒川区	焼　却	
板橋区	焼　却	
練馬区	分別収集・リサイクル	焼却
足立区	焼　却	
葛飾区	分別収集・リサイクル	焼却
江戸川区	分別収集・リサイクル	焼却

図表9　東京23区のプラスチックの処理方法（2009.6現在）

東京二十三区清掃一部事務組合によると、埋め立て処分場に持ち込まれたプラスチックごみに付着した生ごみや紙くずから、大量のメタンガスが発生していた。メタンは二酸化炭素の21倍の温室効果があり、処分場から出たメタンガスを二酸化炭素に換算すると、年間9万6000トンになる。

プラスチックごみを焼却工場で燃やすと、二酸化炭素が発生するが、発電に利用する分を差し引くと、二酸化炭素の発生量は大幅に増えないと試算している。

また、処理費用も、不燃ごみとしての破砕処理や埋め立て量の減少で、年間52億円節約できると予想している。

組合は、プラスチックの焼却量が増えても安全なことを立証するために、2006年後半から4つの焼却工場にプラスチックごみを持ち込み、燃やして、煙突から出る排気中にダイオキシンなど有害物質が増えないかどうか調べはじめた。

そして2009年前半まで続け、ごみに占めるプラスチックの比率を高めても、ほとんど変化がなく、安全に処理できることを確認した。全国の多くの市町村ですでに実施されていたが、23区では2007年秋から〈可燃ごみ〉として処理が始まった。

だが、ごく一部ではあるが、〈不燃ごみ〉から〈可燃ごみ〉への変更を認めない人もいる。

その人たちは、「プラスチックを燃やせばダイオキシンや重金属で汚染されるから、すべてのプラスチックを燃やさずリサイクルに回せ」と主張する。

しかし、もし23区がすべてのプラスチックのリサイクルに乗り出せば、巨額の費用がかかり、効率的に処理できないことは港区の例で示した通りだ。ダイオキシンも、都の大気の調査で、どの地域でも環境基準の数分の一の濃度であることが確認されている。重金属については国の基準がないが、組合が水銀について自主調査したところ、EU（欧州連合）の基準より一桁低く、ほとんど問題のないことがわかった。

可燃ごみを減らし、リサイクルを増やして焼却工場を減らしていこうという考えは正しいが、そのための道筋を考えず、ただ焼却に反対しているだけでは、生産的な議論は何も生まれないだろう。

中間処理施設の安全性を住民に説明せずに大混乱

東京都町田市

「プラスチック圧縮反対」運動の顛末

東京都町田《まちだ》市は、リサイクルを進めるために、容器包装プラスチックの選別・保管施設を造ろうとしたが、住民の反対で挫折した。他のごみ処理施設に比べ、環境汚染の心配もないはずの選別・保管施設がなぜ住民に嫌われたのだろうか。

1995年に容器包装リサイクル法が作られると、町田市も、容器包装プラスチックを分別収集し、リサイクルに回そうと考えた。

1999年、市の審議会がプラスチックの資源化を求める答申を出すと、市は、収集したプラスチック容器を選別・保管する施設を造る準備にかかった。

ごみ処理施設というと、第二章で述べた「焼却施設」と「埋め立て処分場」がよく知られているが、リサイクルに必要なのが、集めた資源ごみをいったん「保管」する「中間処理施設」だ。空き缶はつぶして固め、ペットボトルや容器包装プラスチックも、圧縮してサイコロ状のベールにしてから、リサイクル業者に渡す。かつては、よほど住宅街の真ん中にない限り、住民が設置に反対することはなく、全国に700以上の施設があるといわれる。

プラスチックを圧縮したときに飛散する微量の化学物質が、住民の健康に被害を与えるという指摘や、周辺住民で被害を訴える人が出て、最近、住民紛争が起きるようになった。

町田市では、計画予定地周辺の住民が、迷惑施設として反対し、建設計画が2度にわたって中止に追い込まれたことがあった。

3回目は、市が施設を直接建てるのではなく、民間業者に建設させた施設に処理を委託させようとした。しかし、市の職員が住民にていねいに説明したり、理解を求めたりしようとせず、業者に丸投げしたため、不信感を持った住民の集中砲火を浴びた。

反対運動は予定地に隣接した八王子市の住民にも飛び火し、最終的に8万人の反対署名が町田市議会に提出され採択。2005年暮れに計画は凍結されてしまった。

圧縮すると、健康被害が起こる!?

住民が反対の理由にあげたのが、東京都杉並区にある東京都の不燃ごみの中継所で起きた、いわゆる「杉並病」の心配だった。

中継所の周辺住民が体の不調を訴えると、東京都は、硫化水素が原因として対策をとった。

が、納得しない住民は、国の公害等調整委員会に原因裁定を求めて争った。委員会は、何らかの物質が一定の期間排出され、被害をもたらしたと認める裁決を出し、一応の決着をみた事件だ。しかしこの中継所は、プラスチックごみだけでなく、スプレー缶や乾電池などあらゆる不燃ごみが混ざったごみを圧縮する施設だ。町田市が計画した施設とは、扱うごみの種類や施設の構造も大きく違う。しかし住民たちは、ごく微量ではあるが、通常の保管施設でもプラスチックがこすれて、ベンゼンなどの有害な化学物質が放出され、危険だとする一部の研究者の指摘をもとに、不安を増幅させた。さらに、町田市も住民の不安を取り除く努力をしなかったことから、反対運動に拍車がかかった。

市は「生ごみの堆肥化」に、方針を急転換

運動の結末は何をもたらしたか。

まず、市長の首がすげ替わった。プラスチックの保管施設の建設計画凍結を唱える元横浜市職員の石阪丈一氏が当選し、建設計画は白紙に戻った。替わって、保管施設の建設に反対した市民を含む公募市民による「町田市ごみゼロ市民会議」が結成された。2007年に報告書が石阪市長に出され、市長がそれを呑む形で、市のごみ施策が展開されている。

しかし、中味を見ると、理念などいい点もあるが、現実離れした提案もある。

たとえば、報告書がいちばん力点を置いているのが、生ごみの資源化。家庭ごみのうち4割を占めることから、堆肥化を目標に掲げた。生ごみ処理機を大量に配布し、マンションには大型の処理機を備え、作った堆肥は自家用にする。生ごみが可燃ごみからなくなれば、可燃ごみは週2回の収集から1回ですむという理屈だ。

市は2008年度から、生ごみ処理機の補助金を拡大し、それまで1台1万円だった補助金を、10軒まとめて申請すれば、1台当たり4万5000円にすることにした。これだと、市民の負担はほとんどない。だが、1000台分の予算を確保したものの、申請数は約600台分にとどまった。役所が補助金制度をととのえても、市民は面倒なことには手を出さない。生ごみ処理機で、せっかく確保した予算を余らせている市町村は多く、町田市も例外ではない。

市のごみ減量課は、「市には1万8000世帯あり、年間数百台増やしていっても、気の遠くなるほどの時間がかかる。それに可燃ごみが減っているのは、ごみの有料化によるものだ」と話す。市によると、市のごみ量は2005年度の約14万4000トンから、翌06年度は約13万2000トンに減った。05年10月に有料化を実施し、中型の袋は1枚40円にするなど、高めに設定したのが効果をもたらしたという。

生ごみの堆肥化は現実的か

ごみゼロ市民会議は、「ゼロ・ウェイスト」を掲げ、会長に物理学者の広瀬立成・早稲田大学教授を選んだ。だが、広瀬氏は、ごみの実態をよく知らない。著書では「脱焼却、脱埋め立て」を目標とし、第一章で前述した徳島県上勝町をお手本にあげている。「町には焼却炉はない」「分別されたごみは町が収集するのではなく――」。そして生ごみの堆肥化を一押ししている。

広瀬氏は講演会で、町田市が、東京都日の出町にあるエコセメントのプラントに焼却灰を持ち込んでいることについて、「施設から有害物質がたくさん出ている」と批判している。だが、上勝町のように、各家庭に生ごみ処理機を配ったところで、庭や畑のない町田市の住民は処理に困る。上勝町のように、ごみ収集をやめて他市でごみを燃やしたら、その市から猛反発を受けるだろう。エコセメントの施設からは、住民に被害を及ぼすほどの有害物質は出ていない。

ごみゼロ市民会議は、市から補助金を得て、各家庭に504台の生ごみ処理機を配ったことがあった。モニターになってもらい、将来の全戸配布の妥当性を検討しようというのだ。しかし、家庭では、堆肥化できるような品質にならなかった。

マンションに大型の処理機を備えようとしたが、手間が大変で、分譲マンションでは協力者は現れなかった。

市から出る生ごみは、年間2万6000トン。畑や庭のない家庭も多いから、生ごみ処理機でできた堆肥の原料を市が回収し、事業者が堆肥にし、農家に使ってもらわないと、環境汚染の心配がある。家庭の生ごみで作った堆肥は品質が悪く、農家は使いたがらないし、分別収集とリサイクルに巨額の費用がかかる。

名古屋市では、モデル地域を作って生ごみを収集、堆肥化していたが、こうした制約から2009年でやめてしまった。市の担当者は言う。「生ごみの分別収集、堆肥化は、課題が多すぎて無理。やるなら、家庭ごみとして一緒に集め、機械で選別し、バイオガスとして利用するしかない」

生ごみのリサイクルは、もちろん今後の重要な課題だが、町田市は、他の多くの市町村が取り組んでいる容器包装プラスチックのリサイクルから逃げていては本末転倒だ。施設をどこに立地するのか、住民の不安をどう解消するのか、こういった問題を解決し、住民の理解を得て進めるのが行政の役割である。

第五章　エコＰＲ活動は謎だらけ

キャラクターは大流行だが、ごみは減るのか

仙台市、秋田市、札幌市、横浜市ほか

長らく「3K」だったごみの世界

レジ袋の有料化だ、ペットボトルの分別だ、などと、エコ活動に関心が集まっているわりに、肝心のごみ量は減っていない。リサイクルに熱心な一部の市民を除けば、何とかしてごみを減らさないといけない、と具体的な行動に移す市民はそれほど多くはない。

多くの人にとって、ごみ問題が切実なものになるのは、分別方法が変わって面倒になったとか、家庭ごみが有料化されて高いごみ袋を買わないといけなくなったなどというように、自分の身に振りかかってきたときだろう。

住民にもっとごみ問題に関心を持ってもらい、少しでもごみを減らしたい。そんな目的で国や市町村が行っているのが、広報活動だ。その中で大流行なのが、キャラクターを使った宣伝である。多くの市町村が、ホームページや啓発用のチラシに「キャラクター」を登場させている。かわいいキャラクターを登場させることで、ごみ問題を、より身近に感じてほしいという

ことなのだろう。

長らくごみの世界は、「３Ｋ（きつい、汚い、危険）」と言われてきた。ごみを収集する市町村の職員や収集会社の社員たちは、昔、写真を撮られることを嫌がった。ごみは人が捨てたものであり、汚いごみを収集することは、何かうしろめたいことのように思われていた。役所の中でもごみを担当する部局は人気がなく、そこで働きたいと望む職員は少なかった。

イメージ一転、脚光浴びる「ごみ」

そんなイメージが、この10年で大きく変わった。

環境問題が、世間で脚光を浴びるにつれ、その大きなテーマを占めるごみの世界にも、光が当たったのだ。大量生産、大量消費、大量廃棄の「浪費社会」から、資源を大切に、有効に利用する「循環型社会」に転換することが、まだ建前だけで現実は追いついていないものの、国の政策の基本にすえられるようになった。

そして、数多くのリサイクル法が制定された。ごみを集め、燃やして、埋め立てるだけだった市町村は、ごみの発生量を減らし、資源ごみをリサイクルして再利用することを求められるようになった。

自治体では、優秀な職員がごみを担当する部局に配置され、「花形職場」に変わりつつある。

収集する職員を玄関先でねぎらう市民もずいぶん増えた。まだ、十分とは言えないが、それは尊敬される仕事なのだ。

氾濫する"ゆるキャラ"たち

全国の市町村に氾濫する「キャラクター」も、そんなごみのイメージの転換を意識してのことだろう。

市町村のホームページでちょっと調べてみよう。

新潟市「サイチョ」
山形市「減量すすむくん」
仙台市「ワケルくん」
横浜市「へら星人ミーオ」
神戸市「ワケトン」
葛飾区「りー（Ｒｅｅ）ちゃん」
秋田市「エコアちゃん」
小牧市「エコリン」

津山市「ミックちゃん」
厚木市「エコレンジャー」
福島県「リーフィンクル」
名古屋市「シャチのジュンちゃん」
多摩市「エコロくん」「エコミちゃん」
福井市「ワケルンジャー」
長崎市「ハローリサちゃん」
徳島市「ごみゼロん！」
姫路市「ビティちゃん」
前橋市「ラジアス」
三重県「ゼロ吉」

など、少し調べればいろいろなキャラクターが見つかる。

名前のつけ方はいろいろだ。

秋田市の「エコア」は、エコロジーの「エコ」に秋田の「ア」をつけた。秋田県で有名なブナの妖精をイメージしたという。

名古屋市は、金のしゃちほこで知られる。その「シャチ」が地球を抱いた格好にした。群馬県前橋市の「ラジアス」は、由来を解くのが難しい。LOVE THE EARTH（地球を愛する）のそれぞれの頭文字やことばの「LO（ラ）」、「THE（ジ）」、「EARTH（アース）」をくっつけた。新潟市の「サイチョ」は、動物のサイをイメージして……というように、少なからず解説が必要なネーミングもある。

中学生から募集して決めたり、有名なデザイナーに頼んだりと、その作り方はさまざまだが、「エコ」「ごみゼロ」「分別」などをキーワードにし、「地球」「緑」「ごみ袋」などをイメージして描いたものが多い。露出のさせ方は、チラシの片隅にひっそりと貼り付けたものから、各種キャラクターグッズまで揃える仙台市などさまざまだ。

では、キャラクターを使って、どの程度、効果をあげているのか。仙台市をのぞいてみよう。

広告で先陣切る仙台市

仙台駅からまっすぐのびるメインストリート。その通りに面したビルのフロアは、キャラクターグッズの山であふれていた。仙台市環境局・廃棄物事業部のあるフロアは、イラスト入りのカラーのチラシや、パンフレット類が所狭しと並び、柱や壁、職員用のロッカーにカラーのポスターが貼られている。小さな広告会社のオフィスのようだ。

ひときわ目立つのが、これら市民や事業者向けのチラシ類に描かれたキャラクターだ。頭髪を7対3に分け、レトロな雰囲気が漂う「ワケルくん」は、2002年に誕生した。市が1999年に策定した「一般廃棄物処理基本計画」を推進するため、「100万人のごみ減量大作戦」と名付けたキャンペーンの象徴にするためだ。

市の計画では、市民一人一日当たりのごみ排出量を2010年度までに10年間で2割減らし、リサイクル率を30％以上に高めることを目標にしている。家庭ごみの中に、リサイクルできる資源が3割混じっていたことから、頭髪を「7対3」に分けた。

市民や事業者向けのごみ減量・リサイクルの情報総合サイト「ワケルネット」で大活躍している。祖父の祖国であるドイツ・シュツットガルトで生まれた「ワケルくん」は、妹の「ワケミちゃん」、祖母の「トメさん」、「ワケ猫ちゃん」などのファミリーの一員で、ごみ問題を織り交ぜたお話が展開される。さらに、「ワケル塾」があり、校長の「セツコさん」のブログ（授業）、事業者向けに「ワケル商会」の一日が紹介されるなど、盛りだくさんの内容だ。

市は、2002年度には容器包装プラスチックの分別収集を始め、さらに食器洗浄車「ワケルモービル」の貸し出し事業や、環境配慮型事業所（エコにこオフィス）の認定制度などを行った。

こうした結果、ごみ量は、2000年の1312グラムをピークに、2006年度には11

27グラムと、計画を前倒しでほぼ達成。リサイクル率も全国平均より8ポイント高い27％と、目標に手が届くところまできた。2008年には家庭ごみの有料化も始まり、ごみ袋を1枚数十円で購入してもらっている。

こうした具体的な施策に、「ワケルくん」も動員された。環境局総動員で町内会や商工会関係、アパートやマンションなど少人数の集まりにも出向いて説明し、啓発用ポスターやチラシが大量に配られた。

市は、他にもワケルくんファミリーやセツコさんのキャラクターグッズである絵葉書、シール、バッジ、タンブラー、マイ箸や、仙台市出身の有名人がデザインしたマイバッグを作ったりして、環境イベントなどでアンケートやクイズに答えた市民に景品として進呈したり、販売したりしている。市の担当者は「キャラクターを作ったのは市民に少しでも関心を持ってもらいたかったから。キャラクターの認知度は高く、分別の大切さは市民に浸透したはず」と話す。

札幌市はキャンディーズ似のキャラクター

札幌市も、キャラクターの活用に力を入れている町の一つだ。

「ごみ100グラムダイエット」を進める「スリムシティ～さっぽろ」のスーちゃん（ピンク）、リーちゃん（青）、ムーちゃん（黄色）、シティーちゃん（緑）、というキャラクターがある。

昔懐かしいキャンディーズのリメイク版か、と錯覚するが、ごみのない世界「スリムランド」から来た、リフューズ、リデュース、リユース、リサイクルの「四人の妖精」に仕立てたものだという。それなりのストーリーがあるのだ。

市がごみ減量に本腰を入れたのは、１９９３年。「さっぽろ・ダイエット・プラン」を作って「一人一日１００グラムからのごみ減量」をスローガンに、ごみ減量に励んだ結果、１９９８年に目標を達成した。

しかし、その後は順調とは言えなかった。ごみ量は横ばいが続いた。そこで、まき直しを図るために、「スリムシティ～さっぽろ」の四人の妖精が誕生したという。愛称を投票で選び、「さっぽろごみゼロニュース」で紹介した。

この妖精は、「ごみ減量実践活動ネットワーク（さっぽろスリムネット）」で使われている。ここでは、市民、事業者、行政が協働で、中古の家具や自転車を修理して市民に提供する「リユース実践プロジェクト」など5つのプロジェクトを展開している。

市の最新のごみ減量計画である、「スリムシティさっぽろ計画」では、市民一人一日当たりの家庭から出るごみ量を、２００４年度の６４５グラムに対し、２０１０年度までに５００グラム以下、２０１７年度までには４００グラム以下にし、リサイクル率は、２００４年の16％

から、2017年度までには30％以上に引き上げることを目標としている。

横浜市の「へら星人ミーオ」の貢献度

ごみ袋のウェストをぎゅっと絞ったG30のマスコット「へら星人ミーオ」が登場する横浜市。キャラクターは、939点の市民の応募の中から選ばれた。

2003年、市は2010年度のごみ排出量を平成2001年度比で30％減量するという目標を立て、そのための行動計画を「ヨコハマはG30」と名づけた。「環境行動都市に向けハマッ子が行動します！」のコピーなども工夫してある。そこに「へら星人ミーオ」も登場する。

焼却中心だったごみ処理政策を一変。それまでの家庭ごみを、〈燃やすごみ〉〈容器包装プラスチック〉〈スプレー缶〉〈古紙〉〈古布〉〈燃えないごみ〉の5つに分けた。〈燃やすごみ〉から容器包装プラスチックを分けることにした。

他にも、紙ごみの分別や事業系ごみの搬入を制限するなど、さまざまな取り組みが功を奏し、「横浜G30プラン」に掲げた数値目標を5年前倒しし、たった1年で達成した。そのおかげで焼却施設を減らし、建設費などが節約できたという。分別を増やしたために資源ごみを保管する費用が増えたが、それでもおつりが返ってくるという。

他の市同様、「へら星人ミーオ」がどれだけごみ減量に貢献したかはわからない。

誰も知らない「３Ｒ検定」「３Ｒ推進マイスター」の怪

京都市、環境省

エコのかけ声「3R」とは

「３Ｒ」って、何だろう。

「スリーアール」または「さんアール」と読むのだが、リデュース（廃棄物の発生抑制）、リユース（再使用）、リサイクル（再資源化）の３つの「Ｒ」をまとめて指したものだ。

経済が成長し、人々が豊かになるに伴って、ごみの発生量も急激に増えた。たとえば、環境省の統計によると、一日一人当たりのごみの排出量は、東京オリンピックのあった１９６４年ごろは、７００グラム程度しかなかった。それが、高度成長にのってぐんぐん伸びて、１９７２年には１２００グラムを超えた。オイルショックで景気が落ち込むと、ごみも減少したが、その後はいまに至るまで、約１１００グラムと横ばい状態が続く。

これではいけない。ごみを減らすための原則と優先順位を示したのがこの３Ｒなのだ。

リサイクルを拡大するだけではごみは減らない。まずは、家庭から出るごみも、ペットボトルや空きびんのような資源ごみも、出す量を減らす。次に、買った製品は何回も使う。たとえば、ペットボトルは飲んだら捨てずに、お茶を入れ替えて何回も使う。それから資源ごみとして出し、リサイクル業者が、リサイクルして再生品を作る。

なるほど、この理屈は理にかなっている。環境省は、この3Rをアピールしている。それ自体は否定すべきことではない。でも、現実を見渡すと、3Rのかけ声のもと、おかしなことがいくつも起きている。

3R名乗って検定制度をつくった京都市と学者たち

「3アール検定のご案内」と書いた真っ黄色のチラシを国や自治体が配っている。その下に「スリーアール検定〜ごみゼロの知『3R（スリーアール）』で、暮らしを変えよう！」とある。その下には検定料5250円とある。さらにテキスト代が2500円かかる。

その理由として「3Rは環境問題を解決するために、みんなに取り組んで欲しい身近な行動です。しかし、3R活動を広めるためには、3Rの意義を充分理解し、3Rに向けた知恵や工夫を知ることが必要です。3R検定はそのためのツールとして、あなたの3R活動を評価し、励ますものです」とある。

でも、家庭のごみを減らすために、わざわざ7750円もお金を払わないといけないのだろうか。

この検定を行っているのは、３Ｒ検定実行委員会（代表・高月紘京都大学名誉教授）。京都市が指定ごみ袋の有料化で得た金の使い道の議論で、市民から提案があり、浅利美鈴京都大学環境保全センター助教（いわゆる助手）が大学の上司らに呼びかけ、実行委員会の委員長におさまった。が、事務作業は、京都市にある財団法人・京都市環境事業協会の「京都市環境保全活動センター」（京エコロジーセンター、館長・高月名誉教授）が請け負っている。京都市と事業者がお金を出し合い、ＮＰＯ法人らと一緒に、環境教育などをする財団だ。

同じ環境分野の検定制度といえる「省エネ診断士」は、専門的な知識が必要で、合格すると、中小企業などを回って、省エネの改善を助けることができるから意味はある。ところが、３Ｒには何もない。ごみ問題に関心のある主婦などが受けて、資格をもらうだけである。受験するだけで５２５０円もかかるこの事業の後援団体として、環境省、経産省、農水省、経団連、京都市、廃棄物学会が名を連ねている。

２００９年に行われた初の検定試験は、京都市、東京都など3カ所で１４８８人が受けた。７４４万円の収入になり、さらにこの事業のために、京都市から2年にわたって９００万円の補助金を受けた。浅利助教と、京都市役所から天下りしたエコロジーセンターの職員は言う。

「収益はあげてはいけないことになっている。印刷代や受験会場の賃借料などに使ったが、内容を外部に公表するつもりはない」

そこで、京都市の関係者から、実行委員会の予算書を手に入れて調べてみた。すると、検定システムとその実施を、ワールドビジネスセンター（京都市）に委託、１４５６万円を計上していることがわかった。補助金等を含めた２０１４万円の収入の7割以上が、一民間会社の懐《ふところ》に入っているのだ。

同じ検定制度では、２００９年に財団法人・日本漢字能力検定協会が、収益があまりに多いことが社会問題となった。架空の委託事業を、財団の経営者の親族会社に行っていたことで、経営者の親子は京都地方検察庁に背任容疑で逮捕された。しかし、この財団の検定料は、最高の１級で４５００円。８〜10級なら１４００円ですむ。３R検定は５２５０円とはるかに高く、受験者が増えれば、巨額の金が、実行委員会に転がり込む仕掛けだ。

３R検定実行委員会に参加した大学の教授たちは、手弁当でテキスト作りに励んだ。その人たちの善意は十分に評価しても、特定の人物の売名行為や、特定の企業の金もうけに利用されているのではないかという疑いは消えない。

環境省は、広告会社に30億円の税金を払って啓発活動

地球温暖化防止と３Rは、環境省の重要な政策の二本柱だというが、気になる点がある。温

暖化の原因になっている二酸化炭素を減らすために、環境省は毎年約27億円の税金を広告会社の博報堂に払って、「チーム・マイナス６％」という広報・宣伝活動を行ってきたことだ。経済産業省に、「産業界は努力して二酸化炭素を減らしているのに、家庭からの排出量は大幅に増えている。何とかしろ」と迫られ、博報堂に委託した。

会社の中に事務局が作られ、広告マンたちが、潤沢な予算を使って、「クールビズ」「ウォームビズ」なんてことばを編み出した。新聞やテレビで広告し、イベントは、環境省の幹部が天下りした財団法人などが請ける。さらに、その下請けは、全国に散らばるＮＰＯ法人だ。こんな広報・宣伝活動を、環境省は「国民運動」と呼んでいる。

温暖化防止のＰＲが始まると同時に、３Ｒの広報・宣伝活動もなぜか、同じ博報堂に委託された。温暖化のときと同様、企画競争入札といって、企画提案力を点数化し、応募した会社で競う方式だ。博報堂に決まった入札について情報公開請求をしたが、入札に参加した他の会社の名前は、すべて黒塗り。入札で提案された内容も多くが黒塗りされ、環境省は実態を公開しない。

環境省の関係者によると、「事前にどこが請け負うか、環境省の首脳の間ですりあわせが行われ、決定された」という。環境省の地球環境局も、廃棄物・リサイクル対策部も、「公正にやった」と言うが、その根拠となる入札データを公表しないのだから、ますます疑わしい。

広告会社の3Rの企画は、たとえばこんなものだ。温暖化防止に比べれば、予算は3億円と9分の1になるが、それでも小さい額ではない。企画書ではこう提言している。

「国民一般にわかりやすいキーアクションの提示を行い、広報を実施することで、3R促進を図る。キーアクション＝リデュース、リユース、リサイクル」。そして、「3R推進事業を『普及啓発活動』ではなく『運動』として成立させるために、広告会社内に事務局を設置し、表彰式の応募〜選定〜表彰といったスキームや全国各地で開催される制度周知説明会などの運営をスムーズに行う」

3R推進マイスターは何をするのか

そして実際に行ったことは、著名人に「3R推進マイスター」を委嘱《いしょく》し、その委嘱式を開くことだった。3R推進マイスターとは、正式に言うと、「容器包装廃棄物排出抑制推進員」だが、2006年の容器包装リサイクル法の改正時に、当時、有名人好きの小池百合子大臣の鶴の一声で決まったものだ。「有名人を集めて、委嘱するのよ」と、はっぱをかけられた官僚たちが青い顔をし、広告会社の助力を仰いだ。

まず17人の「有名人」が揃った。有森裕子（マラソンランナー）、白井貴子（シンガー・ソングライター）、平野次郎（元NHK記者）、宮崎緑（元NHKキャスター）、竹下景子（女優）、野口健（アルピニスト）、北野大（明治大学教授）といった面々だ。

この人たちが選ばれたとき、東京都内のホテルで豪華なお披露目があった。出席した７人の「マイスター」に委嘱状を渡した若林正俊大臣はご満悦だったが、このイベントは、広告会社の社員たちが、会場の予約から、すべての進行を取り仕切った。

ところで、委嘱された３Ｒマイスターたちは、市民団体などから要請があれば、講演会などを行い、３Ｒに貢献することになっていた。しかし、２００７年７月から２００８年９月の間に、先の人たちで複数回、講演を引き受けているのは、白井貴子、平野次郎の両氏のみである。

それにはわけがある。実は、講演会について、環境省は、審議会委員の日当相当分２万円弱の謝礼しか認めていないからだ。有名人たちは謝礼が安いから受けないのではないか。この中にはごみ問題が専門の学者もいる。有名人を揃えて体裁だけ繕えばよしとする環境省のやり方は、ボロが出ているのだ。

亀田興毅のポスターは、大臣が替わるとごみ箱へ

そういえば、レジ袋を減らすために、環境省が「レジ袋ＮＯ！」なんていうポスターを大量に作ったことがあった。計６万２０００枚。これも３Ｒの予算から出ているから、りっぱな３Ｒ活動だ。登場したのは、あのボクシングの亀田興毅《こうき》で、グローブをはめ、こっちをにらんで

いる。ファンだった当時の小池大臣が部下に命じて作らせた。環境省は、スーパーやコンビニに配った。

幹部は「これを各地で行われるレジ袋削減などのイベントに使い、キャンペーンしたい」と話していた。そして、省内のあちこちの壁に貼り付けた。だが、亀田家をめぐる、さまざまなバッシングもあり、このポスターを使った「キャンペーン」は急速にしぼんだ。

そして、2006年秋、環境大臣が、若林大臣に替わった。大臣はこれには不快感を示した。驚いた官僚たちは、ポスターをすべて壁から外すと、ごみ箱に捨ててしまった。ポスターにいくらの税金を使ったのか、環境省は明らかにしていない。有名人を担ぎ出したみせかけの「3R運動」の結末がどうなるか、この出来事は端的に示している。

この3Rを「国民運動」として広げようとしているのが、「3R活動推進フォーラム」という組織だ。フォーラムの事務局は、廃棄物研究財団に置かれている。廃棄物研究財団は、旧厚生省が、ごみ部局のOBを天下りさせて作り、いまは環境省が所管している。

フォーラムの会長は、小宮山宏前東大総長。副会長は、杉戸大作研究財団理事長。専任理事も廃棄物財団の八木美雄専務理事が就任している。あとの理事は、愛知県知事、農水省から天下りした財団法人の理事長、廃棄物学会会長、全国町村会の会長が並ぶ。

実際、このフォーラムの仕事はあまりない。年1回の3R推進全国大会がメインイベントで、各県持ち回りで開催し、環境大臣と知事のあいさつのあと、３Ｒのポスターの表彰式、会長の講演、小学生が「３Ｒ推進」を決意表明。もちろん、主催の県は動員がかかるから、会場は毎年、自治体の職員で埋まる。

もともと、３Ｒフォーラムは、「ごみ減量化推進国民会議」という名前だった。それがその後、「ごみゼロパートナーシップ会議」に変更、さらに3年後に「３Ｒ活動推進フォーラム」に変わった。が、やっていることはほとんど一緒。

政府は、この３Ｒの取り組みを海外に普及させ、日本の経験を伝えたいという。経験や技術を伝えるのは大賛成だが、税金のムダ使いや天下りを推奨してもらいたくはない。

レジ袋削減をスーパーが後押しした本当の理由

富山県、富山市

富山県が号令かけ、県内一斉に行うメリットは

2008年4月、東京都内で、市民団体が主催し、「レジ袋の有料化」をテーマにした集会が開かれた。講演したのは富山県の石井隆一知事だった。会場では県花であるチューリップや地図や観光など数種類のパンフレットが配布された。富山県東京事務所の職員も動員され、さながら富山県の観光PR集会の趣だった。

知事がはるばる富山から招かれたのは、同県が全国で初めて県内全域で「レジ袋の無料配布をやめた」点が、この市民団体から高く評価されたからだった。

秋に知事選をひかえ、再選を目指す石井知事は、精力的に動き、話題作りに余念がなかった。講演では、有料化にこぎつけた苦労話を語り、「県は一度もぶれなかった」と、胸を張った。だが、県の関係者の一人はこんな見方を漏らす。「レジ袋の有料化というパフォーマンスも、選挙活動の一つなんでしょうか」

富山県は２００８年4月、「レジ袋の無料配布取りやめ」を県内全域でスタートさせた。

これまで、マイバッグの奨励など市民啓発活動を続けていたが、レジ袋の辞退率は頭打ちだった。そこに、内々で有料化を検討していた地元スーパーから、「県がリーダーシップを発揮してほしい」との声がかかり、２００７年、「レジ袋削減推進協議会」を立ち上げた。有料化を行うのが1社だけなら、客は無料配布を続ける店に逃げる恐れがある。でも、みんなで一斉に有料化すれば、客は逃げない。レジ袋の製造やリサイクルにかかる費用を減らせるメリットがある。

人口が１１０万人しかいない富山県では、地元の有力スーパー数社が力を持ち、全国展開しているスーパーの店舗は少ない。そんな小さな県ならではの、「地の利」も有利に作用した。最終的に協議会に参加した25事業者がすべて有料化に合意、県内の主要スーパーとクリーニング店合わせて２０８店舗が有料化に踏み切った。２００８年11月現在、43事業者３９８店舗に増えた。

県内で最多の店舗を持つスーパーは「有料化にこぎ着けたのは、地元のスーパーが強力にスクラムを組んだから。中心になったスーパーが『事業では競争しても環境では協調しよう』と言って、他のスーパーをまとめた」と話す。

県と市の内紛と、買い物かごの持ち去り事件

これに対し、あまり乗り気ではなかったのが富山市。最大の理由は、市民がレジ袋をごみ袋として使っていることだった。ごみ出し用の袋を指定してはいるが、レジ袋にごみを入れてもかまわない。だから、お金のかかる指定袋よりも、無料のレジ袋でごみ出しする市民の方が多かった。

市の担当者はこう疑問視する。「レジ袋の有料化は経済的な刺激を与えて、減らす手法で、事業者が営業活動として自主的に取り組むことに異存はない。しかし、住民が自ら考え、減らそうと行動したわけではない」

富山市のように、家庭ごみの有料化を導入していない自治体では、レジ袋がごみ袋の役目を果たしており、戸惑いを見せる自治体は富山市だけではない。

富山県では、有料化してからこんな出来事が起きた。買い物かごを持ち帰る客が増えたのだ。パルフェ（本部・滑川市）では県内の5店舗で計200個以上のかごが持ち去られ、パスタ店（同）では月に数十個がなくなったという。また、無料のままになっている食料品をつつむ薄い袋を大量に持って帰ったり、レジ袋が無料のドラッグストアから何枚もレジ袋をもらったりする客が増えたという。

スーパーの狙いは有料化によるコスト削減

レジ袋は年間３００億枚が製造され、レジ袋のために使用されるプラスチック量は、年間30万トン（国内生産約13万トン、輸入約17万トン）。プラスチック全体の国内生産量は年間６００万トンだから、占める割合は５％程度と小さいが、レジ袋は、大量生産、大量廃棄の象徴とされてきた。

しかし、レジ袋は、ごみ袋に入れる前の内袋にしたり、生ごみを入れたり、買い物に何回も利用されたりし、一回限りで捨てられるものは少ない。結構、有効活用されてきたのに、なぜ、スーパーが有料化を進め、国と自治体が後押しするのか。

レジ袋の有料化のきっかけになったのは、２００６年の容器包装リサイクル法の改正だ。スーパーのように大量のレジ袋を排出する事業者が、削減計画を作り、国に報告する制度ができた。削減するには、有料化がもっともてっとり早い。改正論議では、スーパー業界は、「いっそのこと、法律でレジ袋の無料配布を禁止してほしい」と国に要望していた。これは、ごみになるレジ袋を減らすというよりは、「無料配布をやめれば経費の節減になるし、法律で、捨てたレジ袋を回収し、リサイクルするのに業界が負担している１００億円以上ものお金を大幅に減らすことができる」（業界関係者）という経済的な理由があった。

有料化にもっとも熱心だったのが、イオンだった。「環境」に熱心な企業イメージを大切にしていたし、スーパー業界が、経費節減の一つとして無料配布をやめるには、まず、業界1位のイオンが率先する必要があったからだ。

イオンは、「京都議定書」を採択した温暖化防止会議が開かれたことで知られる京都市に目をつけた。京都市に頼み、市内の市民団体で協議会を作ってもらうと、会に参加。市や市民団体などと有料化の協定を結び、2006年から1店舗で始めた。

協定方式にしたのは、関係者が合意した方が、円満に進むからだ。スーパーに協力したことで、自治体や市民団体もレジ袋を削減したという「実績」が得られる。自治体と市民団体を巻き込む、このイオンの戦略は、京都市を手始めに、杉並区、仙台市、名古屋市など、またたく間に、全国に広がっていった。

環境省によると、2008年11月現在、3県の全域と16都道府県の245市町村でレジ袋の有料化が行われ、2010年3月末までに22都道府県の370市町村で有料化が実施される見込みという。

ただ、自治体の取り組みといっても千差万別だ。自治体職員から「どこの自治体もやっているから、やらざるを得ない」「レジ袋でいったいどれぐらいごみが減るかわからない」という声も聞かれる。「有料にすると消費者がサービスの低下と受けとって、無料配布している他店に流れてしまう」と心配するスーパーもなお多い。

有料化で果たしてごみは減るのか

スーパーから急速に減りつつあるレジ袋だが、果たしてごみは減ったのだろうか。これを推し進めている環境省も、実施している市町村も、「レジ袋がなくなれば、その重さ分のごみが減り、燃やす量も減るから温暖化をもたらす二酸化炭素も減る」との試算結果を出している。

しかし、レジ袋がなくなれば、その分、ごみ袋が必要になるかもしれない。生ごみなど水分の多いものが混ざったごみを入れるプラスチック製の袋は不可欠で、レジ袋がなくなれば、ホームセンターやスーパーでごみ袋を買うしかない。実際にどれだけごみが減ったのか、誰も回答を出せないでいる。

スーパー業界が自らの責任で行うはずが、いつの間にか、国や自治体、市民団体との「コラボレーション」という言葉にすり替わり、行政はたっぷりと税金と人手を使ってお膳立てし、いくつもの市民団体は、手弁当でPR活動をしたり、店舗の買い支えを行ったりしている。スーパーがもうかる経済行為が、いつの間にか、行政の取り組む最大のごみ減量施策にすり替わってしまっているのだ。

リサイクル偽装を放任&ほおかむり

環境省

ニセモノだったリサイクル・ハンガーをニセモノと認めない環境省

市町村が家庭から集めた資源ごみは、きちんとリサイクルされているのだろうか。分別をきちんとしている側にとっては、結果がどうなっているのか、きちんと知りたいところだ。しかし近ごろ、「リサイクル偽装」などということばを耳にする。ふつうの製品なのにリサイクル製品を騙ったりして販売するインチキ行為のことだ。このインチキ行為に環境省が加担する出来事があった。

２００８年1月、民放のテレビ番組で、容器包装プラスチックのリサイクル問題が取り上げられた。番組に出演したのは、鴨下一郎環境大臣（当時）。鴨下大臣は、持ってきたハンガーを見せて、「このハンガーはプラスチックのリサイクルでできた再生品です」と胸を張った。

環境省によると、このハンガーは、砕いたペレットを原料に作られていたはずだった。ところが、テレビ局がそのハンガーを分析機関に持ち込んで成分を調べたところ、大いなる疑惑が浮かび上がった。テレビ局の分析データによると、このハンガーの成分はほぼ全量、ポリプロピレンでできていた。ほんのわずかポリエチレンが入っているが、無視してもいいほど微量だった。

ポリプロピレンは外見上、ポリエチレンに似ているが、性質は違う。固くて引っ張りに強いため、ペットボトルのふたやＣＤのケース、薬品を入れる容器、絶縁性を利用した家電製品などに使われている。ハンガーもそうだ。

容器包装プラスチックから作ったペレットは、大抵の場合、ポリエチレンとポリプロピレンがかなり混ざっている。そこでテレビ局は「このハンガーはリサイクル品ではない」と結論づけた。

ところが、環境省は、「ニセモノでした」とは認めなかった。別の分析機関に分析を依頼した。そのデータは、テレビ局の分析結果とほんの少し違っていた。大半がポリプロピレンからできているのはテレビ局の分析と同じだが、ほんの少しポリエチレンなど別の成分が混じっていた。

環境省の担当者はこう強弁した。

「いや、容器包装プラスチックの成分のポリエチレンも少しだが混じっている。だから、容器包装プラスチックを使ってハンガーが作られたというのは誤りではない」

だが、環境省の分析データを見ると、ポリエチレンの割合は1割もない。そんなものをどうしてリサイクル品と呼べるのか。「技術的に難しいし、臭いがあるから衣服をかけるようなハンガーには向いていない」と、あるリサイクル業者は言う。ハンガーを作ったメーカーを調査すればすぐにわかることなのに、環境省は、立場が悪くなるからか、ほとんど何も調べずにすませた。

民主党の山井和則代議士が、質問趣意書を政府に送りつけた。

「このハンガーはリサイクル製品なのか？」「すべてがリサイクル製品でないとすると再生品は何％含まれているのか？」「環境省はなぜ、このハンガーをリサイクル製品だと確信したのか？」

環境省の官僚たちが頭をひねりながら書いた答弁書が、1週間後、福田康夫総理大臣（当時）の名前で届いた。「容器包装プラスチックからどれくらいの割合で配合したのかは認識していないが、それを配合してハンガーが製造されたとの確証を得ている」

強弁しているが、根拠は何もない。専門家によると、ごく一部ポリエチレンが混じっているというのは、逆に純正品であることを証明しているのだという。官僚の世界ならともかく、こんなウソが世間で通用するわけがない。メンツをつぶされた鴨下環境大臣は、部下を呼びつけてこう指示したという。「再生品がどれだけ混じっているのか、何になっているのか、本当にリサイクルされているのか。透明化して消費者にわかるようにしないと、リサイクルは信頼されない。検討会を作って透明化を進めろ」

定義があいまいな「リサイクル率」

実は、これにはこんな裏事情があった。リサイクル製品を作っている事業者で作る団体がある。そこに環境省から、再生品で作ったプラスチック製品を出すよう要請があった。団体の担当者は「もともと再生品の品質が悪く、いいものはない」とためらった。シートなどいくつかの商品を環境省に提供すると、再び、環境省から要請がきた。「ハンガーがほしい」

担当者は「そんなものはない」と言った。

だが、環境省は聞く耳をもたず、別の業者から調達した。そうやって手に入れたのが、例のハンガーだった。団体の関係者は言う。

「容器包装プラスチックから、品質のいい製品が簡単には作れないことは、業界の人間なら誰でも知っている。メンツにこだわり、環境省は大恥をかいた」

官僚たちは、さっそく見直しの検討会を作った。「容器包装リサイクルのフローの透明化等に関する検討会」という。

資源ごみが本当にリサイクル製品になっているのか、市民にわかるような仕組みを考えよう、というのだ。

だが、いちばんの問題は、何をリサイクルというのかがはっきりしないことだ。

地方自治体が、「他の町に比べてうちでは、こんなにリサイクルしています」と言うときに持ち出すのが、「リサイクル率」という数字だ。このリサイクル率は、資源ごみの量を、家庭や商店から出たごみの総量で割って出したものだ。

しかし、この資源ごみの量は、収集した量でしかなく、集めたものがすべてリサイクル製品に生まれ変わるわけではない。たとえば、容器包装プラスチックをペレットにすると、重量は半分になる。使えない残りは産廃業者に委託し、固形燃料や焼却発電に使っている。もし本当にリサイクルされた量を重視してリサイクル率を出せば、数値はぐんと下がることだろう。しかも、容器包装プラスチックを砕いて再生品を作り、メーカーに売っても、メーカーが製品を作る途中で、ごみが出る。製品が売れなければ、それもごみになる可能性が高い。

一方、市場に出回っている「リサイクル品」も定義があいまいだ。ペレットの混じる量が10%であっても50%であっても、いずれもリサイクル品と呼ばれ、消費者にはわからない。

インチキハンガーは、一握りの事業者のモラルの問題だけではないのだ。

国立環境研究所の循環型社会・廃棄物研究センター長の森口祐一さんは言う。

「何をもってリサイクルというのかが、決められていないから、さまざまなリサイクルが氾濫し、混乱を起こしている。何でもリサイクルすればいいのではない。その質こそが問われるべきなのだ」

製紙業界が古紙配合率を偽装した背景

リサイクル偽装は、ハンガーだけではない。古紙100%といいながら、大半をパルプで作っていた製紙業界のリサイクル偽装事件もある。

2008年に民放テレビ局が、年賀はがきの成分を大学の研究室に委託して調べ、古紙が40%混ざっている（古紙配合率という）はずのものが、10%もなく、大半が木材から作ったバージンパルプを原料にしていた、と報道した。年賀はがきを製造していた日本製紙はあっさり認めた。

それだけではすまなかった。驚いた環境省が他の紙製品について業界に報告を求めると、いろんな製紙会社が、コピー用紙やノートなどさまざまな紙製品で、古紙配合率を偽っていたことを認めた。たとえば、2007年度の大手メーカーを見ても、偽装品の量は、王子製紙が33万トン、日本製紙が67万トン、大王製紙が45万トン、北越製紙が18万トンと、軒並み偽装していた。

森林資源を守るために、古紙を配合してさまざまな紙製品が作られている。年間3000万トン消費されている紙のうち、4分の3近くが回収され、リサイクルされている。古紙から再生紙を作るには、古紙を水につけてかき回して繊維をばらばらにし、金属などの異物を取り除き、古紙についたインクを抜く脱墨を行い、漂白する。こうしてできた古紙パルプを水に溶かし、バージンパルプと混ぜて再生紙を作る。だが、古紙は万能ではない。何回も使うと質が悪くなり、永久に使うことはできない。

環境省の外部団体は、環境にやさしい製品を認定し、エコマークをつけているが、コピー用紙は古紙配合率が100%、印刷用紙は70%以上としていた。グリーン購入法で国の機関がエコ製品を購入する基準も、コピー用紙を古紙の配合率100%としていた。しかし、このコピー用紙の大半が、古紙配合率の低いニセモノだった。

製紙業界の関係者はこう語る。「納入先から高い白色度を求められ、コピー機の能力に対応するには、古紙100%ではとても無理だった。大量の古紙が中国に輸出され、高品質の古紙が手に入りづらくなった。こうしたことが偽装を生み出す背景にあった」

もちろん、ウソをつくのは悪いことだが、この事件では、古紙の配合率が高いほど環境によいという社会全体の風潮にも問題があった。無理に古紙配合率を高めても、それにかかる薬剤やエネルギー量も増え、本当に環境にいいことなのか疑問もある。むしろ、国産材からできた紙製品の需要を増やすなど、柔軟な姿勢も必要ではないか。

環境白書のグラフから削除された、リサイクル偽装事件とは

中堅化学メーカーの石原産業（本社・大阪市、工場・三重県四日市《よっかいち》市）が、有害な六価クロムや放射能物質を含んだ産業廃棄物に、「フェロシルト」という名前をつけ、リサイクル製品の埋め戻し材と偽って売り出した。２００１年から２００５年にかけて中部地方の山の中や住宅地に不法投棄した量は72万トン。国内最大のリサイクル偽装事件だった。

この事件は、石原産業と幹部らが有罪判決を受けた明白な不法投棄事件だ。ところが、この不法投棄の量が、なぜか環境省が毎年出している「環境循環型社会白書」のグラフから、削除されている。

２００８年版の白書には、毎年の不法投棄の量と件数の推移を並べたグラフがある。全国の不法投棄の量は、２００３年度の74万トンから２００６年度には13万トンと大幅に減った。ところが、２００６年度の数字には、石原産業が投棄した72万トンが入っていない。

この不法投棄の数字は、毎年、環境省が全国の都道府県に通知を出して求めた、不法投棄の量と件数の報告をまとめたものだ。ところが、環境省が２００５年に出した通知文には、こんなことが書かれていた。「石原産業のフェロシルトの不法投棄は報告から除くものとする」

なぜ、環境省の官僚たちはこんなことをしたのか。不法投棄の量が減り続けているのに、フ

エロシルトの72万トンを入れたら、数字が跳ね上がる。せっかくの減少傾向が台無しになる、とでも考えたのだろうか？　自分たちにとって都合の悪い数字は含めず、「ニセ」の数字を発表する。こんな白書では、だれも信用しないだろう。

第六章 外国はどこまでお手本になるか

分別はいい加減、使い捨て容器が氾濫

ドイツ

ドイツは環境先進国ってほんと?

環境先進国ドイツ。そんなイメージが日本では強い。地球温暖化対策では、太陽光発電の発電量で、日本を追い越し、世界一になったのをはじめ、国土のあちこちにモダンな風車が回る。細かい分別を行い、リサイクルに熱心で、日本が遠く及ばないすばらしい国。そんなイメージは、1990年代に輸入された。

そのころ、日本ではごみがあふれ、市町村は、焼却施設や埋め立て処分場を造ろうと必死だった。ところが、住民の反対運動が各地で起こり、施設は造れず、危機的な状況になった。「このままだとごみが町にあふれ、大変なことになる」。危機感を抱いた国が取り組もうとしたのが、容器包装のリサイクルだった。

何しろ、プラスチックのボトルや袋、食品を入れたトレイ、紙の袋や箱など、家庭ごみの容積の6割は、こうした容器包装が占めていたから、これに手をつけることにした。

そこでいいお手本があった。ドイツである。ドイツでは、１９８０年代の後半に、容器包装を分別、リサイクルするための法律作りに乗り出し、１９９１年から実施した。容器包装を製造したり、利用したりしている事業者に、家庭から出た容器包装を回収し、リサイクルする責任を負わせた。ＤＳＤという会社が、事業者の払ったお金で回収とリサイクルをしている。

当時、ごみ問題を扱っていた旧厚生省の官僚たちは、現地を視察した。ドイツを見たあと、フランスに立ち寄った。ドイツがリサイクルを始めると、フランスもそれによく似た制度を作っていたからだ。フランスは、容器包装を集めるのは市町村で、それを事業者が引き取り、リサイクルしている。市町村が回収にかかったお金の一部は事業者が払うが、容器包装のうち、回収するのは、ペットボトルなどボトル類だけだ。事業者がすべての容器包装を回収するドイツと違う点だ。

それを見た厚生省の官僚は、「ドイツのいいところとフランスのいいところを取り入れた方式でいこう」と考えた。そうしてできたのが、１９９５年の容器包装リサイクル法だ。日本では、回収は市町村が受け持ち、それにかかる費用も負担。その後のリサイクルは事業者が受け持つという分担制だ。ここはフランスに似ているが、容器包装プラスチックのすべてをリサイクルの対象にした点はドイツを真似た。

法律を作るにあたって、市民団体も動いた。ドイツがお手本にされ、ドイツからＮＧＯやドイツ在住の日本人を呼んで、講演会や勉強会が開かれた。

「名古屋の方がりっぱ」と言った視察団

「ドイツ詣で」も盛んになった。市民団体や、ごみ問題に関心を持つ人たちは、ドイツのなかでも模範とされる町、フライブルクを訪問した。

フライブルクは、家庭ごみの堆肥化をはじめとするごみのリサイクルだけでなく、地球温暖化対策などにも熱心で、サステーナブル（持続可能）な都市としても知られていた。

訪問を終え、帰国すると、多くが〝ドイツ信者〟になった。

製造者が製品の設計から廃棄後まで責任を持つという「拡大生産者責任」ということばも流行った。

では、ドイツの町を実際歩いてみるとどうか。まず、首都ベルリン。住宅の建ち並ぶ郊外の一角を歩いた。集合住宅の外に、分別するためのごみ箱が設置されている。緑色、黄色など、色によって、紙、プラスチック容器、ガラスびんなどに分かれている。だが、容器包装プラスチックのごみ箱を見ると、紙の袋や、生ごみのついた袋など、容器包装でないものがずいぶん入っているのだ。

ハノーバー市など他の都市もいくつか訪ねて、住宅のごみ箱を開けてみる。もちろん、家によって差はあるが、分別の度合いは、どうみても日本の方が数段上だ。

実は、ドイツ人の分別はけっこういい加減なのだ。ハノーバー市のある女性は言う。

「容器包装のごみはリサイクル（容器包装）のボックスに入れると、ただで持っていってくれる。でも、それ以外のごみは、お金を払って収集してもらっている。だからリサイクルのボックスに容器包装以外のごみを混ぜて、お金を浮かせようとする人が多いのよ」

２００１年、名古屋市の市民や職員らからなる視察団がドイツを訪れ、フライブルクなどいくつかの都市を見て回った。だが、ドイツはお手本ではなかった。

ある参加者が言ったという。「制度はドイツの方がすぐれているかもしれないが、分別はたいしたことない。名古屋の方がはるかにりっぱだよ」

ドイツでは使い捨て容器が氾濫している

ドイツ・ハノーバー市の中心街にあるスーパーマーケットのハノーバー・ラッシュフラッツ店。大手スーパーのカウフランドがドイツ国内に持つ５００店舗の一つだ。

広い売り場の奥に、飲料容器の投入機がある。ペットボトルやびんを入れた袋を下げた客が並び、種類ごとに違う穴にボトルを入れると硬貨が出てくる。ディーク・リスナー店長の案内で機械が組み込まれた壁の裏に回った。投入した容器は店員がメーカーごとにケースに振り分け、まとめて業者に引き渡す。

ドイツの小売店では清涼飲料水などを買う際に預かり金を払い、あとで空きびんを持っていくと返金される「デポジット制」が導入されている。

使い捨て容器の預かり金は25セント（100セントは1ユーロ、1ユーロは約130円。2009年5月現在）で、何回も使うリユース容器は15セント。差をつけることでリユース容器を増やすのが狙いだ。リユース容器の比率が72％を切ると、強制的にデポジットを実施し、比率を回復させることを政府が決め、2003年に導入された。その結果、リユース率は回復の兆しを見せた。

だが、売り場に並べられた清涼飲料水やミネラルウォーターを見ると、リユース容器より使い捨て容器の方がはるかに多い。リユースペットボトルはどんどん減り、2008年になると、ペットボトルの3割を切った。反対に使い捨てのペットボトルは増えているのだ。

同店で買い物をしている、夫と共働きの会社員ロースビータ・シュトュッカーさんは言う。

「リユースのペットボトルは買わない。だって、使い捨てのペットボトルに抵抗はないし、これを店に持っていってもお金が戻ってくるのだから」

リスナー店長が説明する。「ペットボトルの使い捨て商品は安く販売できるからね」。大手スーパーは容器の仕様を統一し、格安でビールや清涼飲料水を売っている。たとえば使い捨ての1・5リットルのミネラルウォーターは本体が55セント、デポジット料金25セントで計80セント。それに比べて1リットルのリユースペットボトルは、53セントと15セントで計68セント。1リットル当たりなら使い捨て容器の方が安い。

それにミネラルウォーターやビール、炭酸入り清涼飲料水はデポジットの対象なのに、レモン水など水に混ぜものをするとデポジットの対象外。こうした規制逃れに走るメーカーが後を絶たなかった。さらに、買った店に戻さないと返金されない制度なので、払い戻しを受けない客が払った預かり金が店にたまる欠点もあった。

そこで2006年5月から、規制逃れの容器にも網をかけ、預かり金を管理する団体を作ることで、商品を購入した店でなくてもどこでも預かり金が返ってくるようになった。

これに合わせ、スーパー側は、自社が委託、製造したペットボトルかどうかを区別するためにペットボトルにICチップを組み込んだ。リスナー店長は「これなら他社製のペットボトルと区別し、預かり金の管理も容易だ」と話す。

「熱い鉄」。流通・小売業で作るドイツ小売連盟のベレーナ・ボッチャー広報部長は強制デポジットをそう呼ぶ。熱くて誰もさわれない（アンタッチャブル）という意味だ。

強制デポジットの実施は、1991年の包装廃棄物の政令が根拠だ。91年の72％のリターナブル比率を維持するために制定された。2002年にデポジットに反対する7000社が裁判所に差し止め請求したが、国民の批判を浴びたこともあり、半年後には取り下げた。

ボッチャー部長は「リユースびんより使い捨てペットボトルの方が環境にいいという調査結果もあるのに、国に何を言っても通らない」と嘆くが、現実には市民は使い捨てのペットボトルを選択した。

リユースびんも減っている。ビールは地元の企業を擁護する政策もあって、まだ健闘しているが、清涼飲料水は使い捨てのペットボトルに取って代わりつつある。

レジ袋に目くじらはたてず、家庭ごみは有料化

そのスーパーでは、レジ袋が有料だ。1枚、10〜15セント。買い物客の多くは、布製のマイバッグと、古いレジ袋を持参している。レジ袋は頑丈で、ドイツ人はそれを買い、何回も使うのだ。レジ袋を目の敵にする人はいない。どの店をのぞいても、当たり前のようにマイバッグを使い、そして、レジ袋を買い、それを何回も使っている。

「ドイツ詣で」をした人はあまり触れないことだが、ドイツでは、家庭ごみの収集は有料だ。ハノーバー市に住むハイデマリー・ダンさんは、息子と2人暮らし。高校教師で、市会議員をしたこともあり、ごみ問題の意識は高く、「できるだけごみになりやすいものは買わないようにしている」。

それでもごみ収集料として年間265ユーロ払っている。月に約3000円といったところ

だ。家族が多くなると、もっと高くなる。日本でもごみ袋を1枚、数十円で買わせる有料化が広がりつつあるが、ごみ処理費のせいぜい3分の1をこの有料化による収益からまかなう方式をとっている。

それに対し、ドイツでは昔から家庭ごみの処理にかかるお金はすべて、各家庭で負担する。ごみの排出量によってごみを入れる容器の大きさを決め、年契約する仕組みだ。それに比べて、容器包装は、事業者がただで引き取ってくれる。各家庭には黄色いプラスチックのごみ袋が配られ、それに入れて外に出すが、その際、家庭ごみを混ぜて、ただで回収してもらう人が多いのだ。

ドイツのプラスチック問題

では、異物の入った容器包装はどうなるのだろうか。

ベルリン市東部にあるアルバ社の配下にあるサンメルト社。選別工場ではDSD社から委託されて容器包装プラスチックの選別をしている。容器包装を集め、磁石で金属を除き、ベルトコンベヤーに流し、作業員が異物をとる。その後、コンベヤーに設置した13台の赤外線による自動選別装置が威力を発揮する。光の波長の差を利用してポリエチレンなど4種類の素材に分類する。

ベルトコンベヤーを流れるボトル類が「ヒュッ」という音とともに吸い込まれる。あとは素材別にサイコロ状に固めて、再生業者に販売する。プラスチックを素材別に分ければ高く売れる。搬入された容器包装のうち25％は異物が混じっているとし、同社は自治体から処理費を取っている。

アベル・ネーテア広報部長は、「容器包装にかなりの異物が混じっている。そこで、4分の1は最初から混じっていると計算して、その分にかかったお金は、市町村に払ってもらっているのです」と話す。家庭ごみの処理は、事業者の責任ではないからだ。

ドイツでは容器包装の素材ごとに、容器メーカーや中身メーカーのライセンス料（グリューネ・プンクト＝緑の点）を定め、出荷量に応じて負担金を業界で組織するDSD社に払う。同社はそのお金を業者に委託し、収集から資源化まで担っている。

DSD社のライセンス料の単価はプラスチック容器が1キロ当たり135セント、スチール缶が28セント、ガラスびんが7・6セント、紙が18セントなど、欧州連合（EU）の他の国に比べて高い。

容器包装プラスチックはコストの高いマテリアルリサイクルを優先したりしているためだが、この結果、事業者の負担額は2003年で国民一人当たり約2900円。フランスの約900円、日本の約350円に比べ、ものすごく高いのが特徴だ。

生ごみは埋め立て禁止

北ドイツ・ハノーバー市の郊外にある埋め立て処分場の跡地の隣に、純白の建物と青色のタンクが3棟見える。2005年夏に、市とハノーバー郡の計21市町で作る広域事業体が造った機械生物処理施設（MBA）だ。

ここに搬入された110万人分の家庭ごみは、金属やプラスチックなどを機械選別したあと、生ごみなどの有機物はタンクで発酵させて無害化。発生したガスで発電し、残渣《ざんさ》は、埋め立て処分場に運んでいる。隣には堆肥化施設と民間の焼却施設がある。これまで年間30万トン埋め立てていたのを7万トンに減らしている。

長く埋め立て処分に頼ってきたドイツだが、政府は、1995年、10年の猶予期間をつけて、有機物を含むごみの埋め立て禁止を決めた。処分場の逼迫と、埋めた有機ごみから発生するメタンガスは、二酸化炭素の21倍の温室効果があるためだ。

フランシスカ・ザニテア広報部長は、「高価で巨大な焼却施設を造れば、絶えずごみがないと困ることになる。MBAを併用すれば、焼却施設の規模も小さくできる」と話す。このMBAは、その後、急速に増えている。

日本のように、生ごみだけ分別するような収集方法は、お金がかかりすぎるとして、一緒に集め、施設に持ち込み機械で選別するのが当然のこととされている。

もし、ドイツをお手本とするなら、コストとリサイクルを合理的に考え、市民には無茶な分別を押しつけないことだ。ドイツ連邦環境省は、専門的な立場からあるべき姿を示し、いくつかの選択肢を並べ、州や自治体にその選択権を与えている。「レジ袋の有料化だ」、「3Rの推進だ」と、押しつけや、言葉の空回りが目立つ日本の環境省と、ずいぶん違う。

同じ北ドイツでも、ハンブルク市は焼却に頼る選択をとった。

150カ所の焼却施設の候補地を公開し、説明会を重ね、住民の理解を得ると、民間会社に建設と運営を任せた。焼却灰は道路の路盤材に使っているので、埋め立てはほとんどない。

エネルギー回収率は9割を超え、住宅や工場に熱を供給している。ごみ焼却施設は、エネルギーの供給施設なのだ。また、同時に古紙などのリサイクルも進め、リサイクル量は89万トンと焼却量の60万トンを上回る。

「拡大生産者責任」だけでごみは減らない

ドイツ連邦環境省によると、国内全体のごみ量は、2006年に4640万トン。そのうち家庭ごみが4080万トンあり、60%にあたる2430万トンがリサイクルされているという。

日本を大きく上回るリサイクル大国だが、肝心のごみの総量は、1996年に4440万トン、

2001年に4940万トンと、ほぼ横ばい状態だ。一方、家庭ごみのリサイクル率は1990年に13％だったから、リサイクルは熱心といえる。

「拡大生産者責任になると、ごみにならない製品が作られ、ごみの発生量が減る」。日本ではそう思い込み、ドイツの制度をそっくりそのまま導入せよ、と主張する市民団体や学者がいるが、生産者責任を強めたからといって、ごみはそう簡単には減らない。そのことをドイツのデータは示している。

それにリサイクル大国を自慢しても、リサイクル施設で働く労働者の大半は、トルコ人や旧東ドイツの人々だ。低賃金で雇い、一部の廃棄物業者が大もうけする。そんなおかしなごみの世界の実態を知らずに、日本も後追いしようとしている。

リサイクル大国・ドイツの現実は、複雑で根が深い。

ハンブルク市のカール・ヒベルン都市・廃棄物部長は言う。「マテリアルリサイクルは進めるべきだが、コストが高くつき、すべての焼却施設を廃止することはできない。焼却施設はエネルギーを回収する機能もある。コストとリスクのバランスを考えながら、どうしたら市民にとっていちばんいいかを考え実行することが大切なんだよ」

焼却中心でリサイクルはほどほど

フランス

ごみが散乱するパリ市

フランスも、日本が容器包装リサイクル法を制定するときに、モデルにした国だ。ドイツのように事業者に大きな負担を負わせるのではなく、柔軟な方法をとっている。ドイツ方式を真似する国が現れないのに比べ、フランス方式は欧州連合（EU）に広がった。家庭ごみは焼却中心で、分別は不徹底だが、リサイクルにもほどほどに取り組んでいる国なのだ。

パリを歩くと、歩道にプラスチック製の大きなごみ箱と、透明のごみ袋が設置されている。家庭や商店などが出すごみのうち、可燃ごみは緑、プラスチックボトルなどのリサイクルごみは黄色。それとは別に、歩行者専用の透明の袋も設置されている。黄色の箱にはプラスチック、紙などと書かれている。ただ、大半の家庭ごみのごみ箱は、マンションやアパートの中庭に設置されている。通行人などにごみを不法投棄されないためだ。

パリ市内のマンションに暮らす研究所司書のモニク・アベットさんは、市内のマンションに妹と2人で住んでいる。アベットさんは、生ごみをプラスチックの袋でくるんで部屋のダストシュートに投げ込んでいる。ごみは1階の収納庫に入り、管理人がごみ箱に収容する。紙やびんは1階まで運び、品目ごとにごみ箱に分けて入れている。買い物するときには布袋を持参している。

だが、住人の大半は、びん以外のごみを全部ダストシュートに投げ込んですませている。「ちゃんと分別してほしい」と指導する管理人に、食ってかかる住民もいる。びんまでダストシュートに投げ入れる住人すらいる。

昔は日本のマンションや学校にもダストシュートがあった。分別もせず、なんでもかんでも投げ込んでいた時代があったが、パリにはそのなごりがある。アベットさんは、「罰則もないし、市も広報に力を入れないから市民の意識は高まらない」と話す。

パリ市の東南に隣接するイブリ・シュール・ヤーヌ市。地下鉄イブリ駅に近い18階建てマンションの前。灰色のごみ箱がたくさん並んでいる。紙、プラスチックなどと書かれたラベルが貼り付けられ、分別収集することになっている。

だが、いくつかふたを開けて驚いた。ぷーんと生ごみの腐臭が鼻をさす。ペットボトル、缶、紙くず……いろいろなごみが無造作に放り込まれ、分別した様子はない。緑色はびんと紙。黄色は容器包装。黒はそれ以外と分けられているのに。

マンションから約200メートルの半径で住宅街を歩いてみた。家の外に出ていて確認できる約20のごみ箱を開けたが、結果は先のマンションのごみ箱と大差なかった。

一方、長く無料だったレジ袋だが、大手スーパーが、2007年から有料化に転換した。買い物客は、買い物袋持参か、買ったレジ袋を何回も使うなど、隣のドイツのようになってきた。

広域事業体で焼却とリサイクルのための選別

イブリ・シュール・ヤーヌ市のごみは、パリ市から持ち込まれたごみと一緒に、市内にある焼却処理施設で燃やされている。一日2400トン燃やせる焼却施設と、缶、ペットボトルなどの容器の選別施設が併設され、パリ市と周辺の計85市町（550万人）で作る広域事業体（SYCTOM）が運営する。

SYCTOMの施設を案内してくれたのが、ベトニク・マンソー広報部長と渉外担当のクリストフ・マリアさん。「この焼却施設は事業体の運営する中でも最大規模です。でも環境対策に力を入れ、ダイオキシンも重金属もごく微量で、不安を感じている住民はいない」と胸を張った。

パリ広域圏の550万人が排出するごみは250万トン。このうち新聞・雑誌（10万トン）、容器包装（17万トン）などの資源を除いた200万トンのごみを燃やしている。SYCTOM

が運営する焼却施設は3カ所あり、このうちイブリ市の焼却施設は1969年に造られた。以前は集めたごみを全部燃やしていたが、93年に容器包装のリサイクル制度が始まり、分別収集が開始されるのを機に焼却炉を縮小した。

一日1200トンのごみを燃やす能力のある炉を2基持ち、年間73万トンを焼却する能力がある。現在70万トンを燃やしており、ほぼフル稼働にある。2005年には、ダイオキシン対策として炉を改造した。老朽化が進み、建て替えを検討しているが、2009年にメタン発酵の施設を造ることが決まった。この施設の運営について、NGOや市民代表、消費者代表、事業者代表からなる委員会を設置し、データのチェックをしたり、運営方法に意見を述べたりしている。

最新式の選別施設

一方、この施設では持ち込まれた容器包装ごみを、手作業と機械で、プラスチックボトル、紙パック、古紙、缶、段ボールなど6種類に選別し、有価でリサイクル業者に販売している。

ベルトコンベヤーには、赤外線選別装置が設置され、プラスチックごみと紙パックは自動選別されていた。人と機械でコンベヤーから選別された容器包装は、保管庫に落ちる仕組みになっていた。8つのコーナーがあり、プラスチックボトルは白と透明、その他の色別にそれぞれ販売している。

これらの容器包装ごみは、プラスチック、古紙、びん程度の粗い分別のままこの施設に持ち込み選別している点で、分別数の多さを競っている日本の多くの自治体と大きな違いがある。マンソー広報部長は語る。「住民の負担を軽減するための配慮と、収集費用のコストを低く抑えるためだ。日本のように細かく分けてそれぞれ運んでいたら人件費だけでも大変なことになる」

ただ、容器包装プラスチックのリサイクル量は17万トン、リサイクル率は18％と、50％を超えるドイツに見劣りする。分別が不徹底なので、大量の資源が可燃ごみに混じってしまうこと、ボトル以外の容器包装プラスチックがリサイクルの対象から外れていることなどによる。

焼却炉から出てくる焼却灰は、道路の路盤材に使われているが、空き缶がいくつも混じっていた。「可燃ごみに住民が空き缶を入れてくるのでそのまま焼いている。焼却灰から磁石を使って回収し、販売しているが質が悪いので価格は安い」とマリアさんは言う。

この地域では10年間にごみの排出量は2割増え、焼却量も増えた。一日の焼却量は人口一人当たり約1160グラムとかなり多い。一方、焼却施設を造ることには、なお、住民の抵抗感が強い。ごみは増えるに任せ、焼却施設を増設して対応すればいいという安易な対策はとれなくなった。

そこで85市町は、2005年に、リサイクルの強化と発生抑制でごみの排出量を30万トン、15%減らす計画を作った。マンソー広報部長は言う。「何でも焼却に頼る方法は、もう限界にきている。焼却施設はできるだけ小さくしてリサイクルを進める時代になった」

エコ・アンバラージュ社が容器包装のライセンス料を管理

フランスはドイツと違い、容器包装ごみの収集・再商品化について、収集・保管を自治体の責任としている。

事業者が作るエコ・アンバラージュ社が、容器包装の中身メーカーが出荷量に応じて払うライセンス料を一括して管理、それをリサイクルにあてている。事業者の集めた年間4億ユーロ（約520億円）の大半は、市町村への助成金や買い取りの保証金、市町村の啓発活動などにあてられている。大半は市町村の助成金で、これまで収集費用の3割を負担していたが、2005年から5割に引き上げられた。それでも自治体の不満は強いという。

もし、フランス方式を見習って、市町村が負担している収集と選別・保管費用を、事業者が補助する制度にするなら、容器包装プラスチックの対象を、もっと限定する必要が出てくるかもしれない。

すでに日本は、ペットボトルと容器包装プラスチックの収集量は60万トンを超え、フランスの約3倍。しかも、全国の市町村の半分強しか集めておらず、将来は１００万トン近くに膨れあがる可能性がある。リサイクルにかかるお金が増え続けても、事業者は気前よく出してくれるのだろうか。

新焼却施設の建設に四苦八苦

パリ市の西南に隣接するイッシー・レ・ムリノ市には、ＩＴ産業や金融関係などの企業に勤める住民が住む高層マンションが広がる。かつては兵器工場を擁し、工場労働者の町だったが、この20年ほどで大きく変貌した。その市で新しい焼却施設が完成した。

セーヌ川と鉄道に挟まれた工場地域の一角にある焼却施設は、景観に配慮して施設の大半が地下に埋められ、ごみ収集車は地下から出入りする。地上に出た焼却炉などの周りを管理棟が囲い込み、残りは公園になっている。回収した熱は地域の暖房に使い、リサイクル施設も併設した。

古い施設は１９６５年に建てられ、改造を重ねながらパリ市のごみを引き受けてきたが、さすがに建て替えすることに決まり、ＳＹＣＴＯＭが約８００億円をかけ、２００４年に建設に着手、２００７年春、完成した。年間46万トンの家庭ごみを燃やす能力があるが、旧施設に比べて15％縮小した。

この施設の建設は容易ではなかった。ここまでこぎ着けたのには、アンドレ・サンチニ市長の決断が大きかった。「パリは周辺市に処理を押しつけるだけで、ごみ減量やリサイクルに取り組んでこなかった」と、サンチニ市長は言う。

環境問題に熱心だったサンチニ市長は、１９９３年、全国に先駆けてムリノ市で分別を導入し、パリ市など他の自治体にも分別と減量を求めた。そして買い物袋を配り、レジ袋を受け取らないよう訴え続けた。パリ市など85市町のごみは、パリ周辺の3カ所の焼却施設で処理してきた。増え続けるごみを燃やすため、ムリノ市の老朽化した焼却施設の建て替え時期がきた。住民の反発を恐れ、受ける市はなかった。２０００年、市長は焼却炉の縮小と最新の公害防止対策を引き換えに、市内の別の場所への受け入れを決断、情報をすべて公開して住民と協議し、環境協定を結んだ。

サンチニ市長は言う。「焼却施設を歓迎する住民はいないから、決断するのにずいぶん悩んだ。汚染物質の排出基準もできる限り厳しくした。パリ市はもっと、ごみの分別と減量に取り組んでほしい」

こうした迷惑施設を受け入れる市には、迷惑税が入ってくるようになった。国の制度によるものだが、ムリノ市はその恩恵を受け、市民に還元している。

アジア一の環境先進国に学ぶことは

韓国

ごみが足りなくなって止まる焼却炉

韓国は、ドイツを手本にアジア一の環境先進国を目指している。家庭ごみを減らすために、事業者責任を徹底したドイツ流の容器包装リサイクル制度を導入したり、家庭ごみの有料化を全面実施している。しかし、急激なごみ減量政策に混乱も出ている。

ソウル市の中心部から地下鉄で南東に約半時間。江南《カンナム》区の高層住宅街から巨大な煙突がのぞく。市の江南焼却施設である。このごみ施設にはリサイクルセンターも設置され、区内から容器包装プラスチックや古紙が運ばれている。

ところが、煙突を見ると煙が見えない。玄関の職員が言った。「焼却炉が止まっているんだよ」

施設には、一日300トンのごみを燃やせる炉が3基あり、900トンの処理能力がある。だが、2005年の焼却量は、一日平均159トン、稼働率は18%にすぎない。ごみが足りなくなって炉を止めることもよくある。これは、住民との取り決めで、他の区のごみを受け入れられないことに加え、区内でリサイクルが進み、ごみの搬入量が激減したからだ。

この施設の建設をめぐっては、住民紛争があった。半径300メートル以内に3000世帯が住むこの地域に建設計画が持ち上がったのは、1990年代初め。突然の計画発表に住民たちは「煤煙《ばいえん》公害など生活環境を悪化させる」と反対を表明、他区からのごみ受け入れを明記した、市との協定書の締結を拒否した。

1994年に建設工事が始まり、住民らはピケを張って抵抗したが、市は、搬入ごみを江南区に限る形にして2001年に完成させた。しかし操業してみると、当然のように、炉に見合ったごみが確保できなくなった。

東京を手本にして失敗したソウル

実は、ソウル市にある4つの焼却施設のうち江南も含め、3つが低稼働率に悩んでいる。いずれも住民と協定を結び、他の区からのごみの受け入れが認められなかったからだ。稼働率は18～33％と低く、2004年度の市の赤字は、98億ウォン（100ウォンは約7・7円。2009年6月現在）。焼却施設の運営を担う市の財政を直撃した。

残りの1施設は、稼働率が63％とまずまずだ。これは他の区からの持ち込みに同意した協定を結んだ成果だ。

では、焼却できない市のごみはどこで処理されているのか。ごみ収集車はソウル市から西に向かい、金浦《キムポ》地区にある巨大な最終処分場に搬入されている。

日本の後を追うように、70年代から高度経済成長が始まった韓国でも、ごみ問題が深刻化した。埋め立てだけに頼っていたころ、ソウル市内にあった最終処分場は100メートルの高さまで積み上がり、住民は悪臭とごみ収集車による交通公害に悩まされた。市は金浦地区に新たな処分場を求めたが、ここでも反対運動が燃えさかり、埋め立ては早晩、破綻することが予想された。

困った市が手本にしたのが東京都だった。70年代に、埋め立て処分場へのごみ搬入をめぐって住民の反対にあった美濃部《みのべ》都政は、自分の区から出たごみは自分の区で燃やすという「自区内処理」の原則をうち立て、各区に焼却施設を整備する計画を進めた。

遅れること20数年。ソウル市も各区に焼却施設を造ることを前提にして、まず10区での建設計画を策定。1992年から段階的に4カ所で建設に着手した。ところが、住民の猛反対にあって立ち往生し、1995年には、この4カ所だけで施設の建設は打ち切られた。

窮地に陥った市と区が方向転換し、政府が強力なリーダーシップをとって進めたのが、家庭ごみの有料化と、リサイクルによるごみ減量化だった。

有料化と生ごみリサイクルでごみを減らした

1995年、政府はごみ袋の有料化を決め、ごく一部の村を例外に、すべての自治体での実施を決めた。経済的な負担を住民に負わせれば、住民はごみになる商品の購入をひかえるからだ。

その結果、1994年に一人一日1330グラムあった国民のごみ排出量は、2004年に1030グラムと、2割以上減った。20リットル袋は、ソウル市が350ウォン、釜山《プサン》市が810ウォンなど、日本で実施している自治体よりかなり高い。効果を高めるため、段階的な値上げも行われた。ソウル市では、導入当初の1995年は20リットル袋が270ウォン、釜山では280ウォンだったから、10年で1・3倍から2・9倍の値上げだ。購入枚数は10年で4割減り、小さな袋の比率が増えたという。

同時に政府と自治体は、埋め立てに向かない生ごみのリサイクルに取り組んだ。

ソウル市の東にある江東《カンドン》区郊外の田園地帯に、生ごみの資源化施設と堆肥化施設がある。資源化施設は民間会社が、堆肥化施設は区が運営している。区民は、生ごみを専用の容器や袋に入れ、区が収集、ここに持ち込む。ごみ収集車が貯留槽に生ごみを入れ、機械でプラスチックの袋などを取り除いた上、乾燥機で2回に分けて乾燥、数日で飼料ができあがる。ごみ収集車が持ってくるたびに、悪臭が漂う。

資源化施設は、トン当たり約7万ウォンの持ち込み料で区と契約し、持ち込まれた一日270トンの生ごみから43トンの豚の飼料が生まれる。

イム・チャンホ総務課長は、「品質はよくないので農協や農家に無料で提供し、農家は他の飼料と混ぜて使っているが、それでも輸入飼料にかけるお金が節約でき、自給率の回復に貢献できる」と話す。

隣の堆肥化施設も、一日30トンの生ごみから、4トンの堆肥を製造し、農家に安価で分けている。こうして市内外にある約250カ所の施設で、ソウル市から排出される1日約3200トンの生ごみが処理されている。

こうした資源化の努力で、韓国のリサイクル率は約49%と、日本の19・6%の約2・5倍。ソウル市は55%にもなる。

一方、生ごみからガスを得るバイオガス発電施設の整備にも取り組んでいる。ソウル市清掃課のカン・ピルヨン課長補佐は言う。「東京のように焼却施設をどんどん造っていたら、減量化やリサイクルに取り組むことはなかっただろう」

ただ、生ごみのリサイクルはうまくいっていないという話もある。ソウル市の担当者が漏らした。「生ごみを堆肥にしても売れず、捨てられているという話もある」。韓国のリサイクル統計には、きれいな数字が並ぶが、実際にはそうでないことも多いのかもしれない。

多様なリサイクル政策をミックス、混乱も

韓国政府は2003年に、容器包装や電気製品など9つの製品群を事業者の責任で回収、リサイクルする制度を本格スタートさせた。これまでもリサイクル制度はあった。事業者から一定の預かり金をとって、リサイクル費用にあてていたが、効果はあがらず、大改正となった。業種ごとに13の団体が設立され、事業者から集めたお金を収集とリサイクルに使っている。政府は業種ごとにリサイクルの目標値を設定し、達成できない業者から課徴金をとってはリサイクル業者の育成資金にしている。

この結果、プラスチック容器のリサイクル率は50%、紙パックは27%と、リサイクル率は年々上昇し、制度は順調に機能しているように見える。環境省のパク・イルホ資源リサイクル課長は、「事業者が回収から再生までの責任を負うドイツ方式を採用するときには業界の抵抗もあったが、説得して理解を得た。いまでは積極的に協力してもらっている」と語る。

13団体のうち、ドリンク剤やワインなどのメーカーで作る韓国ガラス再活用協議会の調査によると、2004年度に傘下の業者が出荷した48万トンの回収率は、66・7%。国が義務として定めた率を達成しているという。「毎年義務率が高くなり事業者は大変だが、加盟する企業

からこの制度に反対する声は聞かない。リサイクルに力を入れるのは事業者として当然のことだ」。ホン・ジュシク経済課長はこう話す。

韓国では、ホテルや飲食店に、使い捨ての歯ブラシや割り箸、楊枝《ようじ》などサービスすることを禁じた「1回用品規制」、お菓子などの包装の回数や包装と中身の容積の比率を定めた「過剰包装商品規制」といった、使い捨てを減らすユニークな政策がとられている。

日本から視察に来る市民団体の評価も高い。だが、この規制は十分浸透せず、守らない人や事業者も多い。たとえば、ソウル市を代表する繁華街の明洞《ミヨンドン》の飲食店に入って、テーブルを見ると、楊枝が置かれている。コンビニエンスストアでは、過剰包装の菓子が山積みになっている。ファストフード店では客の多くは使い捨て容器を選択している。

飲料容器には、ドイツを真似てデポジット（預かり金）制度が導入されている。たとえば、ビールだと1本50ウォンの預かり金を払う。あとから空きびんを持っていくと、お金が戻ってくる仕組みだ。ところが、店舗面積の小さい商店は、預かり金をとるだけで、払い戻しに応じてくれない。店主に言っても「そんな制度は知らない」と一蹴するだけである。

韓国には、韓国特有のお国柄や国民性がある。いい意味でも悪い意味でも、それがごみ政策に反映されている。日本が何を見習ったらいいのか、何を見習ってはいけないのか、吟味することも必要だ。

あとがき

行政のやることには間違いやムダが多い

これまで私たちは、数多くの市区町村や国の実態を見てきた。そして、すばらしいと賞賛された政策や、みんなが当たり前のように行ってきたことを、裏側からのぞいたり、側面から光を当てたりして、別の事実や見方を伝えてきた。

これはいいと国が推奨し、全国に広がった方策が、やがて廃れ、結局、税金のムダ使いだったことは枚挙に暇がない。自治体がこれはいいと始めてみたものの、いつの間にかやめてしまったり、反対にやめたくてしようがないのに、一部の事業者や住民の反発をおそれて方向転換できなかったりするケースも山ほどある。

そんな迷走を続ける「ごみの世界」を紹介してきたが、何も自治体や国のあら探しばかりしたわけではない。物事には多様な見方があり、さまざまな側面から評価することが重要だと言いたいのだ。それがないと、手前勝手な評価が一人歩きし、税金をムダにし、市民の行動まで徒労に終わってしまう。他の町の事例や国のやり方をみながら、自分の住んでいる町のおかしさに気づいて、チェックする、そのための情報提供と考えている。

ではどうすればいいのか。どこかうまくいっている町はないのか。そこで、とりあえず京都市、横浜市、水俣市の3市を選んでみた。ただ、この3市にもおかしなところもあり、すべてがよいと評価しているわけではない。この3市をもとに、「ごみ改革のヒント」を紹介しよう。

1 かかるお金と、それによって得られる効果を比較考量せよ

横浜市を取り上げた理由は、ごみ減量やリサイクルのためのコスト計算をしっかりやっているところだ。評価するのは、泣き言をいわず、ごみ処理予算を増やさず、リサイクルを展開している点だ。ペットボトルが有価で事業者に販売できるようになると、容器包装リサイクル法のルートを通さず、独自に事業者と契約して販売した。これについて評価は割れるが、それでも国の方針に唯々諾々と従わず、自分で考え、実行していることは理解できる。リサイクルを進めるにしても、それにかかるお金と、それによって得られる効果(ごみ減量、環境負荷の低減など)を、比較考量することが大切ではないか。

一方、東京都港区などが行っているプラスチックごみ全部をリサイクルすることは、その理念は正しくても、実施に当たってそれにかかるお金と、それでどれだけごみが減るのか、どれ

だけ環境負荷が減るのかといったことが比較考量された形跡はない。

ごみ袋の有料化は、ごみ減量を進める重要なツールであることは間違いない。しかし、住民に負担させる以上は、そのお金をムダなことに使ってもらっては困る。単なる宣伝活動や、特定の団体や企業のために使うぐらいなら、その分、税金を安くすべきだろう。

コスト意識が求められるのは、住民も同じだ。「ごみ減量、リサイクルを進めよ」と、自治体に言うだけでなく、それを実行するにはいくらお金がかかるのかを知り、お金が効率よく使われているかチェックすべきだ。そして、判断するために、すべての情報提供を行政に求めてほしい。情報公開制度を使うのも有力な手段だ。

2　常識を疑い、国や自治体の出した数字に惑わされるな

京都市をあげたのは、リサイクル率だけにとらわれる今の風潮を危惧したからだ。京都市の2006年度のリサイクル率は、たった4・9％である。環境省の統計によると全国平均は19・6％だから、ずいぶん低い。だが、リサイクルしていないのか、というとそうではない。

京都市は、行政や住民団体の関与なしに、各家庭から出た新聞紙などを古紙業者が大量に回収、リサイクルする仕組みが根付いている。実際にはリサイクルされているのに、行政や市民が関与していないからといって、環境省がリサイクル率に反映させていないだけなのだ。

市町村の中には、何とかしてリサイクル率を上げるため、せっかく回っている古紙業者の回収システムを壊してでも、行政による回収に乗り出すところも出ている。

環境省がまとめた自治体のリサイクル率ベスト5を見ると、生ごみの堆肥化、剪定枝のリサイクルなどを展開している市町村が上位に上がっている。家庭ごみをごみ固形燃料やセメントの原料にするのもリサイクルの一つである。これを導入している市町村は高いリサイクル率を誇りながら、なぜかベスト5から外されている。「住民が分別し、ごみ減量に協力していると いう点を重視」（環境省）し、分別の苦労なくリサイクルされたものはリサイクルとみなさない、というのでは、市民に誤ったメッセージを伝えることになる。

ドイツでは、そんな恣意《しい》的なことはしない。燃やした後でも有効利用されていれば、リサイクルとカウントされている。「リサイクル」だ、「3R」だと、広報・宣伝活動に忙しい日本の環境省と違って、ドイツ連邦環境省は合理的な政策を示し、それをもとに自治体が、独自の判断と財源で政策を進めている。

日本は何を差し置いても分別だ。70年代に静岡県沼津市で始まった資源ごみの分別は、「混ぜればごみ、分ければ資源」の標語とともに、またたく間に全国の自治体に広がった。それは何でも燃やすか、埋めるかだった当時の国の政策を変更させる有効な提案だった。

しかし、一方で自治体や住民に、大きな誤解を定着させることにもなった。「分別して出せば、かならずリサイクルされているはずだ」「分別の数が多いほど環境によく、ごみが減るはずだ」、という誤解だ。

細かい分別は、住民に大変な苦労を強いる。だが、それを文句もいわず、行政の指示に従っているのは、それがリサイクルされ、ごみ減量に貢献すると思っているからだ。しかし、現実には、そうと言えないことは、本書でも紹介した通りだ。

一方、その考えは、「分別数が少なければ、リサイクル＝ごみ減量に反する」、という誤解を生む。たとえば、家庭ごみをセメントの原料に使うという方法がある。家庭ごみの処理のためにわざわざ建設することがいいことかどうかは議論のあるところだが、既存の施設があれば、それを利用することも焼却に頼らない有効な方法の一つである。分別の手間が省かれることで、住民はごみを平気で出しやすいなどの問題点はあるが、有料化と合わせて進めれば、克服できるだろう。

しかし、「こんなのはリサイクルじゃない」と批判する市民は多い。「細かい分別がいい」「リサイクルはこれしかない」と、決めてかからず、時代と地域にあった方法を選択してほしい。

生ごみの堆肥化は、田園地域では可能でも、大都市ではハードルが高い。ドイツでは、機械選別によるバイオガス化が主流になっているが、堆肥化も盛んだ。しかし、それは、需要を確保して行われている。都市部の自治体が強引に堆肥化を進めても、販売先が見つからず、ごみとして処分されている例もある。家庭用の生ごみ処理機に補助金を出している自治体も多いが、乾燥式なら温暖化対策に逆行するし、発酵式でも丁寧に使い続けなければ、かえってごみを生み出し、税金のムダになる。

分別の数や、リサイクル率に惑わされないで、まずは、自分の町のごみは前年度より減ったのか、どの政策が有効だったのかを、チェックしていくことが大切だ。

3　緊張関係を持って行政、市民との「協働」を進めよ

最近、「協働」ということばが流行っている。字のごとく、行政、市民、事業者など関係者が、役割分担したり、お互いに協力し合ったりして、共に取り組もうという趣旨だが、気をつけたいことがいくつかある。

ひとつは、自治体に都合のいい「協働」になってはいないかという点だ。たとえばごみ処理の基本計画を作る時、最初から住民を参加させることはいいが、すでに自分たちの敷いたレールにお墨付きを与えてもらうことを期待して運営され、委員や団体もそれに乗っている例も多い。

次に、市民団体に都合のいい「協働」になってはいないかという点だ。協働を強調する団体

の中には、自治体から委託を受けて、その資金的な援助で活動している団体も多い。それは間違ったことではないが、一定の距離を持って意見を述べることは容易ではない。

一方、ボランティア精神で、自治体の施策に協力するのが「協働」だと、勘違いしている市民や団体も多い。かつては、行政に対し、批判的な立場を堅持していたNPO法人や市民団体の中にも、時間が経つにつれ、批判的な視点が抜け落ち、国や自治体から補助金をもらうことが目的になってしまった団体もある。

これとは別に、徹頭徹尾、行政を批判し、何事も国と自治体の責任だと攻撃する市民や団体もある。自分たちの主張を通そうとするだけでは、行政はますます、自分たちに都合のいい市民を抱き込もうとすることになる。

では、どんな「協働」がいいのか。あえて言えば、「緊張感を持った協働」である。基本は、行政も市民も事業者も、ひとりひとりが、自分の頭で考え、判断するところにある。

水俣市をちょっといい市として紹介したのは、水俣病をめぐってさまざまな葛藤や複雑な思いがあるにもかかわらず、市と市民が共に環境問題に取り組む姿勢に、一つの光明を見るからだ。それは、水俣病を二度と起こさせない、対立の構造を変えねばならない、という市民意識を反映した行動でもある。

行政が本音で市民とぶつかり、市民も思ったことを言う。そんな真の「協働」から、「水俣方式」は生まれた。一緒に動く市民は、もし、市がおかしなことをすれば、率直に批判し、行政も市民におもねることをよしとしない。すべてではないが、水俣市のそんな緊張感を持った「協働」を見習いたい。

最後に、行政には、タブーを作らず、市民や事業者にも対等に意見を述べ、自分たちの考えをきちんと伝えることを求めたい。ごみの政策について、市民や事業者がどんなに意見を述べても、最後に決断を下すのは行政である。

ごみの世界に、模範解答はない。あふれる情報の中から何を選び、市民や事業者の意見をどう取り入れるか。行政は、臆することなく、もっと主体性を発揮してほしい。

リサイクルは、ごみを減らし、資源をムダづかいしない重要な方法である。ただし、適正なコスト負担の元に、リサイクルで効果が得られることが条件だ。港区のようにバカ高いお金をかけて化学プラントで処理したり、汚い容器包装プラスチックで粗悪な製品を作ったりしていたのでは、何にもならない。

きれいに単一素材として集めれば、品質のいい製品ができる。だが、すべてがリサイクルされると信じ込み、何でもかんでも集めていては、それはリサイクルとは呼べない。資源ごみの中身によって、リサイクルに向き不向きがある。

プラスチックのなかでもペットボトルや白色トレイは単一素材だから、同じ製品にリサイクルすることができる。けれども、離れ小島のようなところから運んでいたのでは、お金がかかり、二酸化炭素の排出量も増える。生ごみの堆肥化は、地方や農村地域でならうまくいく可能性はある。しかし、都市部では難しく、バイオガス化の方が適しているだろう。リサイクルの優等生といわれる古紙も、リサイクルを繰り返せば、質が落ち、燃料や発電に使うしかない。

本書では、家庭から集められたごみがどうなっているのか、リサイクル業者に渡すまでのごみの行方を中心に追った。ではその先の世界、資源として集められたごみは、実際、社会にどのくらい還元されているのだろうか。普段、私たちはどんなリサイクル品を使い、ごみをきちんと循環させているといえるのだろうか――。みなさんの期待があれば、その実態を、ぜひ次回作で紹介したい。

本書の執筆にあたっては、地方自治体の職員の方々、ごみ減量に取り組む市民団体のみなさん、事業者の方たち、研究者、環境省の職員など、数多くの方々にご協力をいただいた。幻冬舎の相馬裕子さんには、的確な助言をいただいた。深く感謝したい。

参考文献

書籍、専門誌

『ごみ焼却技術　絵とき基本用語――未来を拓く、ごみの炎』タクマ環境技術研究会・2003・オーム社／『偽善エコロジー』武田邦彦・2008・幻冬舎／『新・廃棄物学入門』田中勝・2005・中央法規出版／『循環型社会ハンドブック――日本の現状と課題』植田和弘、喜多川進監修・2001・有斐閣／『平成12年都区制度改革の記録』財団法人特別区協議会調査部資料室編・2001／『環境・循環型社会白書　平成20年版』環境省編／『廃棄物・リサイクル六法　平成21年版』中央法規出版／『廃棄物処理法の解説』廃棄物処理法研究会編著・2007・財団法人日本環境衛生センター／『赤い土・フェロシルト　なぜ企業犯罪は繰り返されたのか』杉本裕明・2007・風媒社／『ごみ処理のお金は誰が払うのか　納税者負担から生産者・消費者負担への転換』服部美佐子、杉本裕明・2005・合同出版／『武田邦彦はウソをついているのか?』武田邦彦、杉本裕明編著・2009・PHP研究所／『物理学者、ゴミと闘う』広瀬立成・2007・講談社／『ごみ有料化』山谷修作・2007・丸善／「廃棄物資源循環学会誌」廃棄物資源循環学会／『いんだすと　紛争・廃棄物をめぐる合意形成のあり方を考える』2007～2009・社団法人全国産業廃棄物連合会／『地方自治職員研修　ごみ減量最前線!』2006～2009・公職研／『生活と環境　ごみ減量に挑む』2008～2009・財団法人日本環境衛生センター／『ガバナンス　協働&広域エコガバナンスの時代へ』2003～2009・ぎょうせい

その他

「プラスチックリサイクルの基礎知識」社団法人プラスチック処理促進協会／「日本容器包装リサイクル協会ニュース」財団法人日本容器包装リサイクル協会／「清掃事業概要」「一般廃棄物処理基本計画」など・各自治体／「ごみれぽ23」東京23区清掃一部事務組合

ホームページ

環境省、都道府県、各自治体、一部事務組合／財団法人日本容器包装リサイクル協会／ドイツ環境省、エコ・アンバラージュ社、韓国環境省／日本プラスチック工業連盟

ごみ分別界の用語集

*分別に関する用語

【ごみ】
工場などから出る「産業廃棄物」と、家庭や商店から出る「一般廃棄物」を合わせたもの。年間4億5000万トンほど排出。ただし、本書の「ごみ」は「一般廃棄物」のこと。

【一般廃棄物】
「家庭ごみ」と「事業系ごみ」を合わせた総称。工場などから出る「産業廃棄物」と対比して使われる。年間5000万トンほど排出。

【産業廃棄物】
金属くずや廃油など、工場等の大規模事業主から出るごみ。「一般廃棄物」と対比して使われる。年間4億トンほど。量は多いが本書では対象外。

【家庭ごみ】
家庭から出るごみのこと。商店やビルから出る「事業系ごみ」と対比して使われる。

【事業系ごみ】
商店やビルから出るごみのこと。「家庭ごみ」と対比して使われる。

日本のごみ総量
（トン／年間）

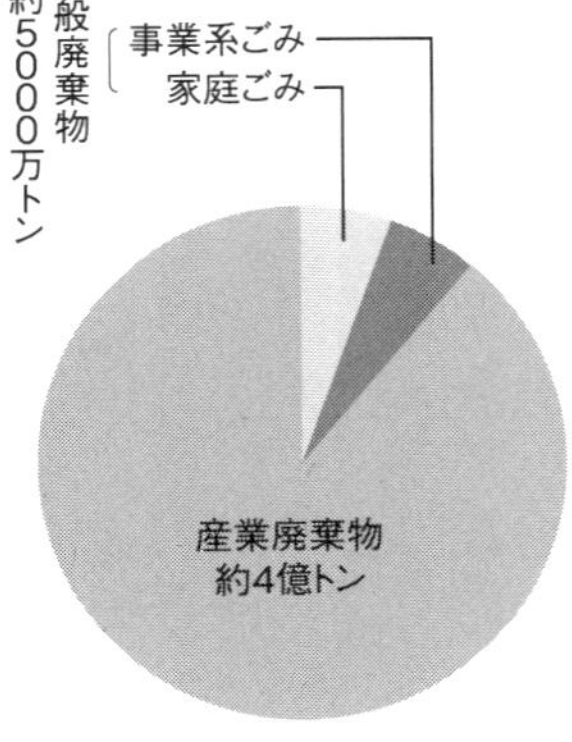

（出所：環境省ホームページ）

【燃えるごみ】

正確に言えば「自治体が〝燃やす〟と決めたごみ」のこと。「可燃ごみ」とも言う。


【燃えないごみ】

「自治体が〝燃やさない〟と決めたごみ」のこと。技術的に進歩した現在の焼却炉で、缶、びん以外で燃えないごみはない。「不燃ごみ」とも言う。


【資源ごみ】

缶やびん、ペットボトルなど、基本的に、再資源化が可能と言われるごみの総称。市町村によって何を資源ごみにするか、取り扱いは違う。

＊プラスチックに関する用語

【プラスチックごみ】

プラスチックでできているごみの総称。その内訳は、「容器包装プラスチック」「製品プラスチック」「指定のごみ袋」「ペットボトル」の4つ。


【容器包装プラスチック】

マヨネーズのチューブやシャンプーのボトルなど、比較的やわらかく、1995年制定の「容器包装リサイクル法」に基づき、分別され、リサイクルに回されているもの。90年代、焼却や埋め立てごみの量を減らすため、家庭ごみの6割の容積を占める容器包装プラスチックに注目が集まった。「プラマーク」が目印。


家庭から出るプラスチックごみの内訳の例（%）

※仙台市2007年
※町によって割合は異なる

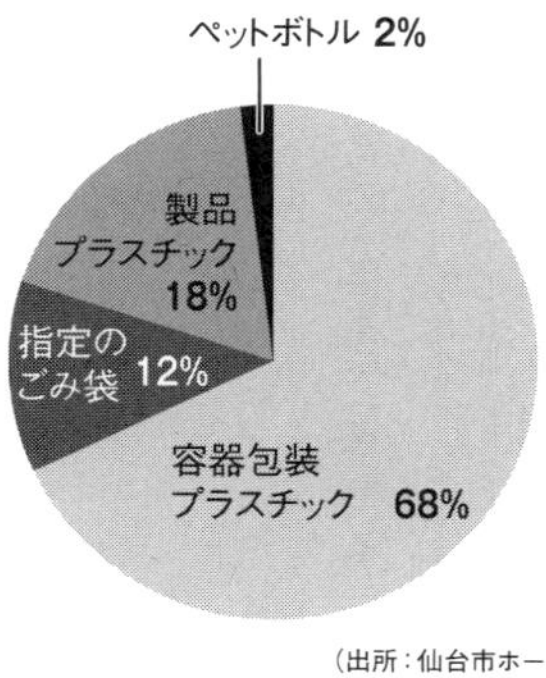

（出所：仙台市ホームページ）

【製品プラスチック】

歯ブラシやCD、バケツなど比較的かたいプラスチックのこと。基本的に、リサイクルには不向きとされ、粉砕され埋め立てられているか焼却されている。

【プラマーク】

容器包装リサイクル法で、リサイクルに適していると判断され、容器包装プラスチックを作ったり、作ったものを利用して商品を売る企業に、表示が義務づけられたマーク。

＊処理に関する用語

【保管・選別施設（中間処理施設）】

市町村で分別収集された「容器包装プラスチック」の異物を取り除き、圧縮してサイコロ状の「ベール」にする場所。リサイクル業者に渡すまでの作業を行う。全国に７７０カ所ほどある。

【焼却施設】

燃えるごみを燃やす場所。焼却灰は埋め立て処分場で埋められたり、セメント化されたりする。焼却炉は、「悪臭防止法」や「大気汚染防止法」など、さまざまな法的規制がされているが、２００２年に改正された「廃棄物処理法」により、燃焼室は８００℃以上の高温でごみを完全燃焼させることなど、構造的な新基準も定められた。全国に１３００カ所ほどある。

【埋め立て処分場】

焼却炉で燃やしたあとの焼却灰や、細かく粉砕した燃えないごみを、最終的に埋める場所。全国に、一般廃棄物の処分場は１８００カ所ほどある。

＊ごみ問題の頻出数値

【分別数】

基本的には、住民がごみ集積所に出したときの数を指す。


【一人一日ごみ量】

（家庭ごみ＋事業系ごみ）÷市町村の人口、で算出。単位はグラム。各市町村のごみの排出量の比較で使われるが、ホテルや店舗の多い観光地などは「事業系ごみ」が多く、数値が高くなる傾向がある。

$$\frac{\text{家庭ごみ＋事業系ごみ（グラム）}}{\text{市町村の人口（人）}} = \text{1人1日ごみ量（グラム／人口）}$$

【リサイクル率】

（市町村と自治会が回収した、資源ごみの量）÷（市町村と自治会が回収した、すべてのごみの量）×１００、で算出。

実際にリサイクル品になった割合ではなく、回収した資源をリサイクル業者に渡した時点で、すべてリサイクルされているとみなされている。

$$\frac{\text{市町村と自治会が回収した、資源ごみの量（グラム）}}{\text{市町村と自治会が回収した、すべてのごみの量（グラム）}} \times 100$$

$$= \text{リサイクル率（\%）}$$

著者略歴

杉本裕明《すぎもと・ひろあき》

一九五四年滋賀県生まれ。早稲田大学商学部卒業。全農を経て朝日新聞社記者。廃棄物、自然保護、地球温暖化など環境全般をフォロー。石原産業のリサイクル偽装「フェロシルト事件」を発掘、刑事事件に持ち込む。国と地方自治体の環境政策・行政に精通し、環境カウンセラーとして政策提言など市民活動を展開。著書に『赤い土・フェロシルト』『環境犯罪』(共に風媒社)、共著に『武田邦彦はウソをついているのか?』(PHP研究所)、『廃棄物列島・日本』(世界思想社)など。

服部美佐子《はっとり・みさこ》

一九五二年東京都生まれ。明治大学文学部卒業。環境ジャーナリスト。環境カウンセラー。東京都日の出町の埋め立て処分場問題をきっかけに環境問題に取り組み、ごみやリサイクルをテーマに全国各地で講演活動を行う。環境省の検討会や葛飾区清掃審議会の委員などを歴任。著書に「地球の未来とゴミ学習』(全3巻)(さ・え・ら書房)、共著に『ごみ処理のお金は誰が払うのか　納税者負担から生産者・消費者負担への転換』(合同出版)、『廃棄物列島・日本』(世界思想社)など。

幻冬舎新書 133

ゴミ分別の異常な世界
リサイクル社会の幻想

二〇〇九年七月三十日　第一刷発行
二〇〇九年八月 十 日　第二刷発行

著者　杉本裕明＋服部美佐子

発行人　見城 徹
編集人　志儀保博
発行所　株式会社 幻冬舎
〒一五一-〇〇五一　東京都渋谷区千駄ヶ谷四-九-七
電話　〇三-五四一一-六二一一(編集)
〇三-五四一一-六二二二(営業)
振替　〇〇一二〇-八-七六七六四三
ブックデザイン　鈴木成一デザイン室
印刷・製本所　株式会社 光邦

検印廃止

Printed in Japan　ISBN978-4-344-98133-1 C0295
す-3-1

幻冬舎ホームページアドレス http://www.gentosha.co.jp/
*この本に関するご意見・ご感想をメールでお寄せいただく場合は、comment@gentosha.co.jp まで。